圖解版

飛機的構造
與飛行原理

探討噴射引擎的結構、航空力學以及安全機制的設計

中村寬治◎著
簡佩珊◎譯

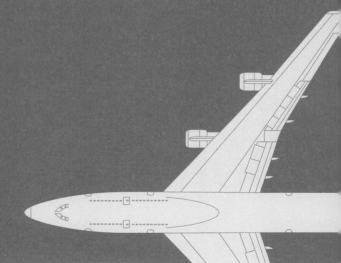

晨星出版

WOW！知的狂潮

廿一世紀，網路知識充斥，知識來源十分開放，只要花十秒鐘鍵入關鍵字，就能搜尋到上百條相關網頁或知識。但是，唾手可得的網路知識可靠嗎？我們能信任它嗎？

因為無法全然信任網路知識，我們興起探索「真知識」的想法，亟欲出版「專家學者」的研究知識，有別於「眾口鑠金」的口傳知識。出版具「科學根據」的知識，有別於「傳抄轉載」的網路知識。

因此，「知的！」系列誕生了。

「知的！」系列裡，有專家學者的畢生研究、有讓人驚嘆連連的科學知識、有貼近生活的妙用知識、有嘖嘖稱奇的不可思議。我們以最深入、生動的文筆，搭配圖片，讓科學變得很有趣，很容易親近，讓讀者讀完每一則知識，都會深深發出wow！的讚嘆聲。

究竟「知的！」系列有什麼知識寶庫值得一一收藏呢？

【WOW！最精準】：專家學者多年研究的知識，夠精準吧！儘管暢快閱讀，不必擔心讀錯或記錯了。

【WOW！最省時】：上百條的網路知識，看到眼花還找不到一條可用的知識。在「知的！」系列裡，做了最有系統的歸納整理，只要閱讀相關主題，就能找到可信可用的知識。

【WOW！最完整】：囊括自然類（包含植物、動物、環保、生態）。科學類（宇宙、生物、雜學、天文）。數理類（數學、化學、物理）。藝術人文（繪畫、文學）等類別，只要是生活遇得到的相關知識，「知的！」系列都找得到。

【WOW！最驚嘆】：世界多奇妙，「知的！」系列給你最驚奇和驚嘆的知識。只要閱讀「知的！」系列，就能「識天知日，發現新知識、新觀念」，還能讓你享受驚呼WOW！的閱讀新樂趣。

知識並非死板僵化的冷硬文字，它應該是活潑有趣的，只要開始讀「知的！」系列，就會知道，原來科學知識也能這麼好玩！

重拾對於飛機的旺盛求知慾

「民航機可以在空中翻轉嗎？」、「噴射引擎是如何出力的？」、「從飛機看窗外明明都是雲霧，為什麼還有辦法降落呢？」、「為什麼在起飛和降落時，必須把椅背豎直和桌子歸位呢？」……在搭乘飛機的同時，你是不是也會有這樣的疑惑呢？要不要和我們一起動動腦，想一下這些看似單純問題的解答呢？

在孩提時，我們常常會追著大人問「為什麼？為什麼？」問得大人暈頭轉向，但在我們慢慢長大之後，卻不知不覺地也漸漸遺忘了當時旺盛的求知欲。本書將以這些已被遺忘的「為什麼？為什麼？」為基礎，解答關於飛機的種種問題。

為了解答這些疑問，本書將以底下幾項為重點進行解說：

・即使犧牲嚴密性，也要讓大家能夠用感受的方式理解。

・為了以「百聞不如一見」的方式學習，將以圖解方式說明。

・不只提供計算公式，更讓大家藉由實際的數值了解狀況。

・讓大家從身邊的例子開始思考。

首先在第1章當中，將提出升力和浮力的差別，並且以之所以會產生升力的原因為研究題材。關於升力的發生原因有很多種說法，但在本書中將單純把升力當作是空氣的反作用力來進行解說。我會想這麼做，是因為比起大量的堆疊專業術語，我認為讓大家能夠用直覺的方式來理解相關的問題更為重要。

第2章將會提到飛行器和飛機的差異，以及調查為什麼沒有單引擎飛機的理由等。此外，在本章中探討音速和飛機的關係也是其中相當重要的題目之一。

第3章則進一步說明飛機的構造及系統。為什麼說是飛機的系統呢？這是因為飛機裡有相當多的裝置都是有系統地相互連接，才使得飛機能夠在天空中飛行。這個為了使飛機能夠飛上天的系統，只要有

一個裝置故障就會連帶影響整體運作，所以每個裝置都有好幾層的備用模式。雖然說了解這些備用模式的架構也是相當有趣，但在此，主要還是將重點放在設置這些備用模式的理念上。

接著，在第4章將從噴射引擎是如何發出動力的、它的大小大概是如何來進行解說，並盡可能地用接近實際數值的東西來做運算，讓大家能夠感受到它力量的大小。

第5章則從實際上曾在空中航行過的人的觀點，講解有關飛機運行的相關話題。在飛機實際的飛行中，了解實際數值也是很重要的。因此，為了讓大家能夠實際體會到飛機在飛行時的力量關係，在本書中不單單只是提出公式，而是利用實際數值將其力量關係運算出來，讓大家理解飛行時各自不同的力量大小。

第6章的主要內容是針對飛機的安全對策進行說明。每架飛機都有根據最糟的情況所設置的緊急系統，才能安心地在天空航行著。因此，在搭飛機時總有很多注意事項，或許大家會覺得搭飛機比搭其他交通工具還要麻煩，但是從風險管理的觀點來看，這些規定都是相當重要的。

當你讀完本書，下次再搭飛機時，如果能想起本書的內容並發出「原來如此！」的共鳴，那就是本書達成目的了。

飛機的工作就是在天空中飛行，為了安全且確實地實踐這份工作，需要相當多的事前準備。包括調查準備事項，以及探討其成因，其實都是相當有意思的事情。我衷心期盼這本書能夠成為各位讀者愛上飛機，並進而思考飛機大小事的起點。

CONTENTS / 目次

第3章 為了翱翔天際的必備系統

第4章 噴射引擎是什麼？

第5章 噴射客機的航行狀況

第6章 噴射客機的安全政策

第 1 章
何謂噴射客機？

在一般情況下，空氣就像它字面所代表的意思一樣，

是一個像「空氣」般的存在。

但是對於飛機的機翼來說，這個空氣卻是以比

颱風都還要強、超過100m的風速在流動。

如此，應該就能夠理解空氣之所以能夠將

重達好幾百噸的飛機抬起來的原因。那麼在此章中，

我們就來認識一下空氣的力量到底有多大吧！

1-01 仙女的羽衣與伊卡洛斯的翅膀

浮力與升力的差別

　　不論東方或西方，人類似乎從古代起，就對翱翔天際抱持極大的憧憬。關於人類能夠在空中飛翔的故事，在日本最著名的就是「仙女的羽衣」，而西方的代表則是「伊卡洛斯」。

　　在日本各地，都有仙女的羽衣的故事，故事內容依據地區不同也各有差異，但其共通點都是仙女只要穿上羽衣就能夠飛上天空。而伊卡洛斯的故事則是指伊卡洛斯因為有用蠟強化過的翅膀而沉醉於飛行，但是一不小心飛得太高，結果用蠟包裹的翅膀就被太陽的熱度融化，因而摔落地面。

　　這兩則故事都和空中飛行有關，但是飛行方式卻有很大的差別。首先在日本的羽衣傳說中，只要穿上羽衣不用做任何動作就能往上「漂浮」到空中。然而在伊卡洛斯的傳說當中，則是伊卡洛斯靠自己拍打翅膀的力量「上升」到天空中。即使兩者都是在天空中飛翔的能力，也可以分為「往上漂浮的浮力」和「上升的升力」兩種。

　　就像在水裡可以明顯感受到水的浮力一樣，在同為流質的空氣中也有著相同的浮力。例如一顆充滿氦氣的氣球因為其內部氦氣的重量比空氣輕，所以能夠不斷往高空飛去，這就是空氣將物體垂直往上推高的力量。除此之外，熱氣球也是利用暖空氣比冷空氣還要輕的原理來往天空升高，因此我們只能猜測羽衣本身可能是用比空氣還要輕的纖維製造而成的。

　　另一方面，所謂的升力，就像鳥類擁有翅膀，能夠自由地在天空中飛翔一樣，升力也有像翅膀一樣的薄型片狀物，能夠在空中拍打時，朝著前進方向產生一股垂直的空氣力量。就連比空氣還要重的風箏都能夠飛上天，或像是伊卡洛斯裝上翅膀模仿鳥類飛翔，這都是靠升力的作用才得以實現。

如同仙女的羽衣一般利用浮力飛上天際的物品

氣球：
充滿比空氣輕的氣體，得到浮力。

熱氣球：
和右圖所示的孟格菲兄弟的氣球原理相同。

世上最古老的載人熱氣球：
1783年由孟格菲兄弟試驗，利用升火的方式讓空氣溫度上升得到浮力，使熱氣球升空。

如同伊卡洛斯利用升力飛上天空的物品

鳥類：
經由拍打翅膀，巧妙地運用上升氣流使翅膀得到升力，所以能夠自由地在天空中飛翔。

風箏：
只要找對角度就能正對風向得到升力，因而飛上高空。

鳥為什麼能在天空中飛翔？

拍打翅膀能夠產生兩股力量

　　鳥類飛行的方式有很多種，有像麻雀一樣必須忙碌拍打翅膀才能在樹枝間飛舞，也有幾乎不用拍打翅膀就能在天空中悠遊盤旋的老鷹。

　　如果我們仔細觀察鳥類拍打翅膀的模樣，可以發現其實牠們似乎不只是有上下拍打翅膀而已。在牠把翅膀往下擺時會大幅度地伸展向前，翅膀往上擺時會將翅膀縮小，好像要將翅膀從後方折起來一樣，就像游蝶式時的手部動作一樣。

　　鳥類如此拍打翅膀的方式，能夠接受到空氣的力量。等同於枯葉隨風飛舞，或者是正對著風行走時，感受到空氣拍打在身上的感覺一樣。但是，和任憑風吹的枯葉不同，在鳥類巧妙地順應空氣，拍打著翅膀的情況下，接觸到空氣的力量不單只是阻礙的力量（阻力）而已。這種藉由空氣沿著翅膀上方流動來改變方向，並將空氣往後方刮去的方式，將能接受到比起阻礙翅膀拍打的力量還要更大的力量，這個力量就是升力。

　　升力不是只有在翅膀拍動時會產生，風箏就是其中的一例。即使是像羽翼般的薄型板狀物，只要取好翼面與相對風的夾角（攻角），不只會產生將羽翼往後拉的阻力，也會產生升力。但如果純粹只是板狀物的話，只要稍微改變一下攻角的角度，升力和阻力的強度就會大幅度地改變。而從鳥類翅膀的剖面圖就可以知道，比起單純的板狀物，翅膀呈現弓狀彎曲向上，更能讓空氣往後方流去，使得空氣更容易往旁邊散去。因此，即使攻角改變，阻力也不會增加，能夠得到更穩定的升力。

鳥類拍打翅膀產生的兩種力量

升力=前進的力量

鳥類將羽翼尖端往下扭轉，像是畫橢圓型般地拍打翅膀，主要產生向前進的力量。

升力=鳥類的重量

靠近身體附近的翅膀在拍打時呈現上下擺動狀，產生的力量主要是支撐身體重量的升力。

觀察鳥類翅膀的剖面圖可以發現，上方的部分呈現像弓一般往上彎曲的形狀。

升力產生的原理

與前進方向相反，並往相反方向拉扯的空氣力量稱為「阻力」

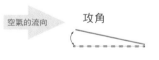

空氣的流向　攻角

與前進方向垂直，並往上拉提的空氣力量稱為「升力」

阻力 大

阻力 小

升力　阻力

1.正面面對空氣流向的情況

2.攻角大的情況

3.有適當攻角的情況

升力

阻力

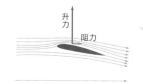

不會影響到翅膀的空氣流向

從呈現弓狀往上彎曲的羽翼上方流過的空氣，能夠不分散、整齊地流到後方時，就會吹往下方。改變空氣流向，不只可以承受阻力，也能產生升力。升力其實會產生在整體羽翼之上，在此概括由一條線來表示。

雞為什麼不會飛？
增加升力的兩種方法

　　雞屬於家禽類，卻沒有辦法像麻雀一樣在天空中自由自在地飛翔。然而，為什麼雞不會飛呢？

　　有一種叫做蜂鳥的鳥類，牠們能以每秒90次的速度拍打翅膀，就像靜止一樣地停在空中吸取花蜜。其實這是為了要支撐牠們的體重，才需要這麼努力地拍打翅膀。但是，麻雀其實不是連續地拍打翅膀，而是反覆不斷地以拍打、折翼的方式，表現出像在跳躍似地飛行。我認為，像麻雀這種間歇式拍打飛行的方式，可能是節省能量的一種對策，這是因為麻雀以高速在飛行。也就是說，鳥類拍打翅膀的速度和其前進的速度越快，其翅膀切開空氣的相對速度也會增加，所以麻雀拍打翅膀的速度比蜂鳥慢也沒關係。因此我們可以得知，升力的大小和翅膀切開空氣的速度（正確來說是速度的平方）成正比。

　　另一方面，老鷹和海鷗都不需要拚命地拍打翅膀，就可以如滑翔一般優雅地在天空中展翅翱翔。當然牠們並不像蜂鳥一樣能夠靜止停在空中，而是必須重複著在空中畫大圓、再下降的方式，才能夠往前邁進。也就是說，牠們用往前邁進的結果取代了不斷拍打翅膀的行為模式，而以偌大的翅膀切開空氣在天空中飛翔。換句話說，這種鳥類為了達到不需要拚命拍打翅膀的同時，又要能達到在空中支撐自己體重的目的，就需要替代方案──也就是牠們偌大的翅膀。由此可以知道，升力的大小也和翅膀的大小（正確來說是翅膀的面積）成正比。

　　由此可知，升力和鳥類飛行的速度以及翅膀的大小成正比。所以如果雞想要飛的話，牠們不是要像蜂鳥一樣迅速地拍打翅膀，不然就是要長出更大的翅膀，才有辦法得到足以支撐牠們過重體重的升力，也因而能夠飛起來。

用小翅膀飛翔的鳥類

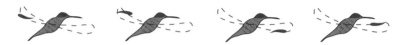

蜂鳥以每秒90次的高速，將翅膀從上方稍微往斜前方拍打，才能夠
得到可以支撐牠們體重的升力而在空中靜止。

麻雀利用間歇性地拍打翅膀的方式，才能夠達到像這
樣跳躍式飛行的結果。

用大翅膀飛翔的鳥類

↗上升氣流　　　　↗上升氣流

擁有大翅膀的鳥類，即使
不用像蜂鳥一樣高速拍
打翅膀也能夠在天空中飛
行。牠們能夠利用上升氣
流取代拚命地拍打翅膀，
達到在天空中翱翔的成
果。

飛不起來的鳥類

雞：因為雞的翅膀占身體的比例
太小，所以牠們只能選擇不是要
像蜂鳥一樣迅速地拍打翅膀，不
然就是要長出更大的翅膀，才能
自由地在天空中飛翔。

企鵝：雖然企鵝無法在天空中飛
翔，但是牠們的翅膀在水中可是
大有用途呢！

1-04 企鵝也會「飛」！

企鵝在水中就像射出去的箭一樣地「飛翔」

不會飛的鳥類代表——企鵝，就連在陸地上行走看起來都好像很笨拙。但是，只要讓牠們潛入水中就會一改前態，反而能像射出去的箭一樣，用非常快的速度一直線地往前游去。牠們在水中拍打翅膀游泳的模樣，就宛如在空中飛行一樣。

其實企鵝在水中時，是靠浮力在支撐身體體重。但是如果浮力過大，就會像要把救生圈壓入水中一樣，需要多餘的力量。因此，為了能夠在水中以最低限度的能量進行活動，適切的浮力是必要的條件。再者，比起支撐體重這點來說，拍打翅膀最主要的目的，是為了得到往前進的力量，而這種往前的推進力就如同在空中飛翔的鳥類一樣，是經由升力的力道而來的。同理，在空中飛的水鳥在水中也能夠利用拍打翅膀往前游泳，捕捉魚類填飽肚子。這也是水和空氣同樣都是流體物質，所以利用流體力量的方法都是相同的最佳證明。

現在，我們就來認識一下浮力到底是什麼吧！首先，我們先將船形和塊狀的鐵塊放到水裡來看其浮力如何吧！我們可以看到，塊狀鐵塊將不斷往下沉，而船形鐵塊則是浮在水上。雖然這兩個都是同樣重量的鐵塊，但因為所排出的水量不同，所以也就代表它們所排出的水的重量有所不同。也就是說，浮力的大小和物體排出的水的重量相同。這個原理其實不論是在水中還是在空中都是一樣，氣球之所以能漂浮在空中，也就是因氣球本身比它排出的空氣重量還要來得輕。但是，對於體重比空氣還要重上許多的鳥類或是飛機來說，升力的大小比浮力還要重要。

企鵝可以在水中「飛翔」

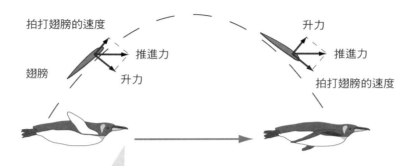

拍打翅膀的速度

翅膀

推進力

升力

升力

推進力

拍打翅膀的速度

企鵝可以像在天空中飛翔的鳥類一樣,藉由拍打翅膀,在水中像射出的箭一般飛翔(游泳)。這是因為牠們和在空中飛翔的鳥類不同,用水中的浮力代替了升力支持身體的體重,所以只要專心在往前進的推進力即可。話雖如此,往前的推進力其實也是由拍動翅膀所產生的升力轉化而來。

所謂的浮力是……

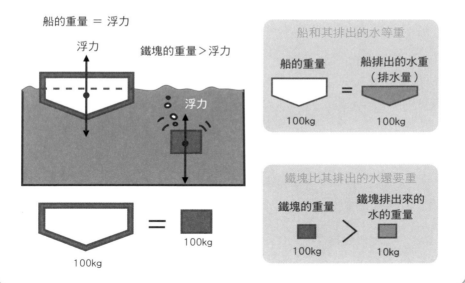

船的重量 = 浮力

浮力

鐵塊的重量>浮力

浮力

100kg

100kg

100kg

船和其排出的水等重

船的重量

船排出的水重
(排水量)

=

100kg

100kg

鐵塊比其排出的水還要重

鐵塊的重量

鐵塊排出來的
水的重量

>

100kg

10kg

世界上第一位飛上天的人是誰？
成功辨別推進力和升力的差別

　　首先，讓我們先假設飛機是利用機翼產生的升力飛行在天空中的交通工具，和首次乘載著人類、藉由浮力漂浮在空中的氣球和飛行船不同。

　　提到利用升力在天空中的飛行，有一個很有名的例子，這是由活躍在14世紀至15世紀的天才畫家李奧納多・達文西所描繪的一幅與「在天空飛行」有關聯的素描。在這幅畫當中，人類的胳膊上裝置著像是鳥類羽翼一樣可以拍打的機器，也就是撲翼機。但是，因為再也沒有比重約10kg、羽翼約3m的信天翁還要更大的鳥類存在，所以藉由拍打翅膀所能產生的升力大小，只能限定在10kg左右。因此我們可以得知，藉由人力拍打翅膀能產生的升力，要超過50kg以上應該是不可能的事情。

　　然而，在19世紀末時，認為前進和上升的力量是分開的兩種力量成為主流的思考模式，取代了原本只要像鳥類一樣利用拍打翅膀就能產生前進和上升力量的思維。接著在1891年法國的奧托・李連塔（Otto Lilienthal）成功地從山丘滑翔而下，成為世界首位藉由不用拍打翅膀的方式前進，而是使用羽翼能夠產生升力的方法，成功搭載人類的飛行研究人員。他使用的方式如同現在的滑翔翼，是以用身體控制飛行器的方式在天空中飛行。

　　之後，在1903年時，美國的萊特兄弟利用螺旋槳的力量往前進，進而讓機翼產生升力，完成世界首創的動力飛行行動。在這次飛行中，他們製作了讓飛機傾斜的扭轉翼端裝置，和讓機首上下左右調整的舵等裝置。也就是說萊特兄弟的飛行方式，不是任憑風向吹拂，而是人類能夠自由控制、首次能夠稱作「飛機」的飛行器。

人類也能振翅飛翔？

由於羽翼3m、體重10kg的信天翁已是目前所知最大的鳥類，所以一般認為，即使人類用自己的手臂奮力拍打，也不可能支撐得住體重超過信天翁5倍的重量。

李奧納多・達文西（14～15世紀）繪製的撲翼機

人類的首次滑翔飛行

奧托・李連塔的第一次滑翔飛行（1891年）

這次的飛行是從山丘上往下滑翔降落，首先利用往前跳躍的方式產生升力，成為世界首創能搭載人類飛行的飛行器。李連塔當時用的機器就像現在的滑翔翼一樣，是用身體控制飛行器的方式在天空中飛行。

人類首創的動力飛行器

萊特兄弟的初次飛行（1903年）

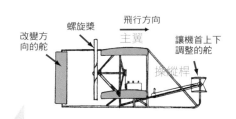

這是利用螺旋槳的力量往前進，讓機翼產生升力，是世界首次利用動力成功飛行。飛行器上裝置著扭轉翼端裝置和讓機首上下左右調整的舵等設備。

升力不只有飛翔的能力而已
原來有這麼多東西都和升力有關

　　不只有鳥類和飛機能利用升力在天空中飛翔，還有許多東西都和升力有關，其中最廣為人知的就是「竹蜻蜓」。大家都知道，只要用兩手摩擦並旋轉竹蜻蜓竹棒的部分再放開，就會飛上空中。這是因為竹蜻蜓兩邊「翅膀」部分的剖面圖就像鳥類的翅膀一樣往上翹，所以取代拍打翅膀和往前進的結果，使它能藉由不斷旋轉產生升力。

　　同樣的，航行在海上的帆船也利用了升力在海面上行走。如果從上方觀察帆船正在航行時被風吹鼓的風帆，會發現風帆的形狀和鳥類翅膀的形狀相當類似。如此被風吹鼓的風帆是在迎風的直角處產生升力。於是帆船便可以利用風帆產生的升力，和船尾的舵以及從船底伸入水中的活動船板，得到往想前進方向前行的推進力。只要帆船加速，風帆所接受到的風速也會相對地提高，所以升力也會增加，因此帆船前進的速度會越來越快。於是帆船就能以比風速還要快的速度前進。

　　其實不只空中以及海上的物品和升力有關，就連在陸地上奔馳的車子也和升力有關。那就是裝置在高速行駛的跑車及賽車尾端的「尾翼」裝置。從這些車款尾翼的剖面圖可以看到，這個尾翼呈現出跟鳥類翅膀相反地模樣往下翹起。因此，這些車就會朝下產生升力，形成超過車體重量往地面下壓的力量。只要利用這個力道，即使是再輕的車體也能和地面產生更大的摩擦力，在轉彎處也可以穩定地行駛。

　　附帶一提，像是被強風吹變形的雨傘也可說是升力的惡作劇。因為風在通過雨傘時會產生升力，使得雨傘被往正上方拉扯、飛走。

竹蜻蜓

升力

空氣流向

旋轉方向

竹蜻蜓翅膀部分的剖面圖就像鳥類的翅膀一樣往上翹,所以藉由旋轉這個翅膀,便會在翅膀部分產生升力,讓竹蜻蜓飛向高空。

帆船的風帆

當帆船的風帆被風吹到鼓起來時,就會形成像鳥類翅膀剖面圖一樣彎曲的形狀,而當風帆在這樣的狀態下就會產生升力。於是升力便會在迎風的直角處作用,再利用船舵和從船底伸入水中的活動船板的活動得到前進的推進力。因此,只要帆船加速前進,風帆所接受到的風速也會相對提高,升力也會增加,所以帆船得以比風速快的速度向前進。

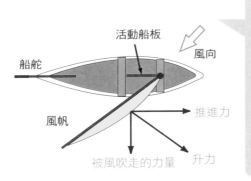

活動船板

船舵

風向

風帆

推進力

被風吹走的力量   升力

賽車的尾翼

尾翼剖面圖

空氣的流向

升力

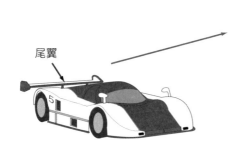

尾翼

由於尾翼往下方彎曲呈現像鳥類翅膀反向的模樣,所以會產生向下的升力,形成將車輪往地面壓的力量。藉由此力量,即使是再輕的車體也能和地面產生更大的摩擦力,在轉彎處也可以穩定地行駛。

1-07 最適合飛機飛行的高度在平流層
你知道大氣其實比想像的還要薄嗎？

　　不論是在天空中飛的飛機還是鳥類，或是在水面航行的帆船，都是因為地球有大氣的存在才得以維持那樣的狀態。所謂的大氣指的是受到地球引力影響，包圍在地球外圍的一層氣體，大氣層的厚度（從地平面算起的高度）大約有600km。但是，一般可以看到的不管是流星閃耀或者是劃過天際進入大氣層時，都發生在從地面往上算的85～120km的高度當中。在大氣層中，主要的大氣成分包含78％的氮氣、21％的氧氣，其他氣體則占1％，這樣的比例是不會變化的。因此也有人稱這些在100km左右高度之內的空氣為大氣（或者是中層大氣）。

　　飛機的飛行高度再高也不會超過25km，就連在2003年停止運行的超音速協和客機也只有18km左右的高度而已。也就是說如果將地球比喻成一顆半徑64cm的皮球的話，這樣的距離只有離開球面的1～2mm而已。因此，在這裡將針對大氣的下層部分進行解說。此外，也將高度單位由km改為m以便進行說明。位於大氣最下層的對流層就如同其字面意義，是具有空氣對流的一層。由於此層內的對流旺盛產生了許多的雲，所以會發生降雨或降雪等各種天候現象。此外，氣溫也會隨著高度升高而下降。

　　接著進入平流層後，在11,000～25,000m之內為恆溫，因而成為安定的大氣。因此，平流層是最適合飛機飛行的高度。而夾在對流層和平流層之間的交界區域則稱為「層介面」，層介面的高度會隨著氣溫的高低而有所變化。例如，日本夏季的層介面大概是15,000m，而冬季的高度則會降低到9,000m。實際上，在層介面較高的夏季時刻，雲層多出現在較高的位置，所以飛機無法從雲層上方通過，而在下方迂迴前進的情形就會增加。

地球的大氣

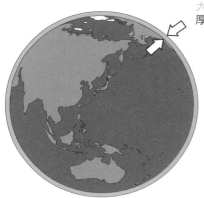

大氣層
厚度約600km

若將地球比喻成一顆半徑64cm的皮球的話，大氣層的厚度大概只有6cm，而飛機的飛行高度大概也只有離皮球表面1～2mm的距離而已。

流星在天空中閃耀和進入大氣層的高度，大概都在85～120km區域內。

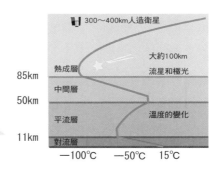

從對流層到平流層

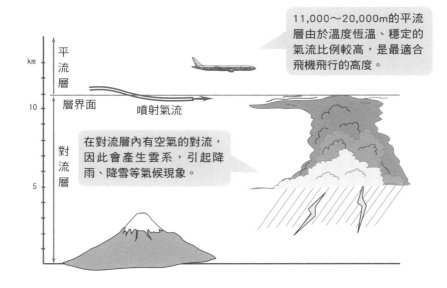

11,000～20,000m的平流層由於溫度恆溫、穩定的氣流比例較高，是最適合飛機飛行的高度。

在對流層內有空氣的對流，因此會產生雲系，引起降雨、降雪等氣候現象。

1-08 國際標準大氣是大氣的「標準」
在空中飛行必須要有標準的「指標」

在大氣中飛行的飛機，受到大氣相當大的影響，例如氣溫。飛機起飛時所需的力量，在酷暑時大約只有冬季的96％～97％（根據引擎的不同也會有所不同，大約會減少1噸的量）。因此，比起冬季來說，夏季起飛所需的滑行距離也比較長。此外，由於溫度高時聲音在空中傳導的速度也會加快，所以實際上的飛行速度也會有所差異。例如，若飛機在高度10,000m的空中用80％音速（0.80馬赫）的速度飛行，只要溫度上升10度，飛行速度就會加快成20km/時。當然受影響的不只有氣溫，氣壓也會對飛機飛行的高度產生影響，空氣密度也和升力大小有很大的關係。所以，飛機的性能（指飛行的能力）也受大氣的狀態不同而有所變化。

其實大氣是一個很任性的東西，不但氣壓或密度時時都在改變，更不用提氣溫了。因此，不論是製造飛機或實際飛行，還是一架飛機要和其他飛機比較性能等狀況時，如果有一個可以當作基準的大氣標準會比較方便。於是便從這個想法制定了一套國際性的「國際標準大氣」，簡稱ISA（International Standard Atmosphere）。在航空界，例如在氣溫30℃的情況下，因為比標準氣溫高了15℃，所以用ISA+15℃的方式表示。

另外，由於在0～11,000m的對流層內，每升高1,000m氣溫就會下降6.5℃，所以在11,000～25,000m範圍內的平流層中，溫度恆定為－56.5℃。因此，我們可以算出當地面溫度是15℃時，富士山頂的氣溫會是15－3,776×（6.5/1,000）≒－9.5℃。

溫度越高飛行速度越快

音速會隨著氣溫改變
可以由以下的算式得出：音速＝$20.05 \times \sqrt{(273.15 + 氣溫)}$

即使同樣是以0.80馬赫在空中飛行，只要溫度上升10℃，飛行速度就會加快到20km/時。

高度：10,000m、氣溫：−50℃
音速＝$20.05 \times \sqrt{(273.15 - 50)}$
≒300m/秒＝1,078km/時
馬赫0.80是指音速80%的速度，
所以等於1,078×0.8＝862km/時

高度：10,000m、氣溫：−40℃
音速＝$20.05 \times \sqrt{(273.15 - 40)}$
≒306m/秒＝1,102km/時
馬赫0.80是指音速80%的速度，
所以等於1,102×0.8＝882km/時

國際標準大氣

高度（m）	溫度（℃）	氣壓（hPa）	氣壓（kg/m²）	氣壓比	密度（kg/m³）	密度比	音速（km/時）
0	15.0	1013.3	10332.3	1.000	1.225	1.000	1225
1000	8.5	898.7	9164.7	0.887	1.112	0.907	1211
2000	2.0	795.0	8106.3	0.785	1.006	0.822	1197
3000	−4.5	701.1	7149.1	0.692	0.909	0.742	1183
4000	−11.0	616.4	6285.5	0.608	0.819	0.669	1169
5000	−17.5	540.2	5508.5	0.533	0.736	0.601	1154
6000	−24.0	471.8	4811.1	0.466	0.660	0.539	1139
7000	−30.5	410.6	4187.0	0.405	0.589	0.481	1124
8000	−37.0	356.0	3630.1	0.351	0.525	0.429	1109
9000	−43.5	307.4	3134.8	0.303	0.466	0.381	1094
10000	−50.0	264.4	2695.7	0.261	0.413	0.337	1078
11000	−56.5	226.3	2307.8	0.223	0.364	0.297	1062
12000	−56.5	193.3	1971.1	0.191	0.311	0.254	1062
13000	−56.5	165.1	1683.6	0.163	0.265	0.217	1062
14000	−56.5	141.0	1438.0	0.139	0.227	0.185	1062
15000	−56.5	120.4	1228.2	0.119	0.194	0.158	1062

1-09　空氣驚人的力量！

空氣不只是「像空氣一樣的存在」

　　空氣，指的是構成大氣層最底部的氮氣和氧氣等混合氣體。而代表空氣力量的氣壓雖然每一刻都在改變，但我們通常都不會發現。但是只要每當氣壓比周圍氣壓低大概2～3%，出現被稱做颱風的恐怖現象時，空氣的力道卻是力大無窮的。

　　測量空氣力量大小的方法相對來說相當簡單。如右圖所示，如果在底面積1m²的圓筒內注入滿滿的水並讓它站立，筒內的水會慢慢地往下流出，然後停在高度10.336m的位置（若圓筒內的液體是遠比水的密度還要高的水銀的話，則會停在76cm處）。會產生這種狀況就是因為下壓水面的空氣力量，和提高容器水面的力量也就是水的重量，達到平衡的結果。

　　水的重量是1cm³＝1g，而圓筒的體積是10.336m³，所以圓筒內的水重會是10,332kg。也就是說，筒內水的重量和空氣的力量達到了平衡。如果大略計算的話，大約10萬m（100km）的空氣柱的重量大概會和高度10m的水柱差不多重，所以兩邊的圓柱底部的壓力大概都會是10噸/m²（1kg/cm²），也就是一大氣壓的壓力大小。

　　如果是10m的水柱的話，在水井深度達到近10m左右時，空氣的力量便會不足，就連使用汲水器（手動馬達）也沒辦法把水打上來。同樣的道理，如果用超過10m的吸管就會喝不到果汁。除此之外，在可以看出空氣力量的物體當中，經常使用在釘子穿不過的磁磚等表面上的吸盤就是其中一項例子。我們可以藉由用力下壓吸盤將其內部的空氣排出，使吸盤表面產生空氣壓力，讓吸盤不需要黏著劑就能夠牢牢地附著在磁磚上。

空氣的力量

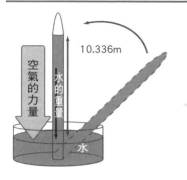

在底面積1m²的圓筒內注入滿滿的水並讓它站立，筒內的水會慢慢地往下流出，然後停在高度10.336m的位置（若是水銀的話會停在76cm處）。這是因為下壓水面的空氣力量和水的重量達到平衡的結果。而水的重量是1cm³＝1g，圓筒的體積是10.336m³，所以圓筒內的水重會是10,336kg。也就是說，筒內水的重量和空氣的力量達到了平衡。

大略地思考一下，100,000m（100km）的空氣柱的重量和高度約10m的水柱差不多重，所以兩邊的圓柱底部的壓力大概都會是10噸/m²（1kg/cm²），也就是等於一大氣壓的壓力大小。

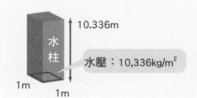

利用空氣力量作用的例子

若用力下壓吸盤將其內部的空氣排出，就會在吸盤外側產生空氣壓力

吸盤之所以可以附著在磁磚上，靠的是空氣力量的幫忙。如果吸盤的表面是15cm²，而1氣壓大約是1kg/m²，所以我們可以知道15cm²×1kg/m²＝15kg，也就是吸盤表面的空氣壓力大概是15kg。此時只要再將空氣導入吸盤內，吸盤就會因為內外的氣壓都是1氣壓而輕鬆地被取下來。

1-10 機翼承受從空氣而來的反作用力

升力和阻力都是由空氣的反作用力產生

　　大家應該都知道當兩個物體相互碰撞的話，就會引起相互作用的「作用力與反作用力定律」。同理，因為飛機在天空中飛行一定會和空氣相撞，所以飛機也會受到空氣的反作用力影響。由於空氣的力量（其實是壓力）大約是10噸/m²，所以即使是只有產生一點點的反作用也是相當大的力道。當機翼處於靜止狀態時，由於空氣的力量會平均分散在機翼的各個部位，所以不會產生任何變化。但是，一旦機翼開始往前進，原本平均分散在機翼各部位的空氣力量就會瓦解，產生氣壓差而變成一股強大的力量。

　　當機翼推開空氣往前進時，原本靜止的空氣就會被強制曲折並吹往機翼後下方。如欲移動物體本來就需要力量作用，所以要移動空氣也一樣需要力量。而相對於移動空氣的力量，也會有從空氣作用過來的反作用力，於是這個從空氣受到力量推擠，反過來產生的反作用力便會轉化成壓力，加壓在機翼表面的各個部位。在這些壓力之中，所有向上加壓的力量總稱為「升力」，而所有妨礙前進的力量總稱為「阻力」。也就是說不論是升力還是阻力，都是空氣產生的反作用力。

　　接下來簡單地說明一下，當壓力發生變化時會產生多大的力量呢？比如說，先假設機翼的上方和下方的壓力變化都有5%，如此一來在陸地上時，機翼下方的壓力就有10噸/m²，上方則有9.5噸/m²，於是就會造成上下差500kg/m²的力量往上推進。此時，若機翼的面積有500m²，升力的大小就會有250噸，所以可以得知升力的大小和機翼面積成正比。此外，由於越往上空飛行氣壓就會變得越低，升力也會變得越小。

從空氣產生的反作用

當機翼靜止時,空氣的力量會平均分散在機翼的各個部位,對地面也會有大約10噸/m²的作用力。

機翼

受到反作用力影響壓力變小的部位

空氣的反作用力

彎曲空氣的力量

機翼

壓力較大的部位

機翼

機翼的前進方向

空氣黏性與機翼摩擦的關係,使得氣流沿著機翼往後方吹去。

只要機翼上方的氣壓稍微比下方的氣壓低,就會產生由反作用引起的向上力量。

升力與阻力

飛機在前進時,從空氣接受到的力量中,與前進方向成直角的作用力稱作「升力」,而與前進相反的方向的作用力則稱作「阻力」。

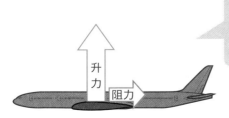
升力
阻力

升力與阻力的公式
由於兩者的算式相同所以用係數來做區別

機翼受到空氣的反作用力可以用牛頓的方程式：

（力）＝（質量）×（加速度）

得到：

（反作用力）＝（空氣質量）×·（加速度）

　　　　　　＝（空氣質量）×（機翼的速度）÷（時間）

另外，由於被機翼推開的空氣質量為：

（空氣的質量）＝（空氣密度）×（機翼體積）

所以：

（反作用力）＝（空氣密度）×（機翼體積）×（機翼的速度）÷（時間）

再者，因為將空氣推開所需的時間是：

（時間）＝（機翼長度）÷（機翼速度）

所以：

（反作用力）＝（空氣密度）×（機翼速度）^{2}×（機翼體積）÷（機翼長度）

又因為：

（體積）÷（長度）＝（面積）

機翼的速度其實也就等同於飛行速度，所以：

（反作用力）＝（空氣密度）×（飛行速度）^{2}×（機翼面積）

此外，不在靜止狀態而是在運動狀態中，飛機所承受的空氣壓力稱為「動壓」，升力和阻力也都和此動壓互成正比。由於運算公式相同，所以分別加上各自的係數方便區別。

（升力）＝（升力係數）×（動壓）×（機翼面積）

（阻力）＝（阻力係數）×（動壓）×（機翼面積）

升力與阻力的公式

　　當我們將手放入水中時會感受到壓迫感，這是因為水中產生水壓的關係。另外，在有水流的河川中也同樣可以感受到水往下流的力量，而我們稱類似這種壓迫感以外的流動力叫做「動壓」。在空氣中也是完全一樣的。雖然空氣和水不同，不太能感受到氣壓，但是如果感受到好像要被風吹走的那股力量，就是動壓了。動壓和速度的平方成正比，可以用以下的公式表示：

（動壓）＝$\frac{1}{2}$×（空氣密度）×（速度）^{2}

　　此動壓的公式和以下的公式
（反作用力）＝（空氣密度）×（飛行速度）^{2}×（機翼面積）

　　可以得到升力和阻力的公式
（升力）＝（升力係數）×（動壓）×（機翼面積）
（阻力）＝（阻力係數）×（動壓）×（機翼面積）

　　他們各自的係數之間會相互牽聯，甚至相互影響變化。也就是說，只要能巧妙地避開動壓就能得到升力，有時也會由接受動壓的方法不同，而只有阻力增加的情況。

　　此外，阻力的公式不只代表機翼的阻力而已，而是代表了全機的阻力。因此為了算出飛機全體的阻力，通常會用阻力係數來進行調整。

　　於是我們用 ρ 代表空氣密度、V代表飛行速度、S代表機翼面積、C_L 代表升力係數、C_D 代表阻力係數，升力用L、阻力用D表示就形成了以下的公式。

（升力）＝（升力係數）×（動壓）×（機翼面積）

L　　　　　C_L　　　　　$\frac{1}{2}\rho V^2$　　　　　S

（阻力）＝（阻力係數）×（動壓）×（機翼面積）

D　　　　　C_D　　　　　$\frac{1}{2}\rho V^2$　　　　　S

$$D=C_D \frac{1}{2}\rho V^2 S$$

$$L=C_L \frac{1}{2}\rho V^2 S$$

升力

阻力

飛機在飛行當中的力量關係為何？
飛機的力量關係和汽車類似

　　假設汽車為了持續以時速80km的速度，行駛在平坦的道路上，駕駛就必須用相同的力道踩踏加速器，讓加速器能夠一直停留在一定的位置上。這是因為輪胎和地面會產生摩擦力，以及車子往前進時空氣抵抗會產生妨礙力，也就是汽車是因為阻力而往前進。而行駛中的汽車就是因為持續發出和阻力相同大小的力量，所以能夠以時速80km的速度行駛在路上。因為若用力踩加速器往前進時，只要產生比阻力還要大的力量，汽車就會加速前進。反之，若阻力比較大時，汽車就會減速。此外，汽車能夠在道路上行駛，也是靠道路對汽車產生的反作用力來前進。假設汽車的重量有1噸的話，道路對汽車產生的反作用力也會有1噸，雙方的力量將達到平衡。

　　關於飛機在天上飛的力量關係，也類似汽車在地上行駛。假設飛機在10,000m的高空中以時速800km的速度飛行時，此時引擎的推進力和阻力就是達到了平衡的狀態。而當推進力比阻力還要大時，飛機就會加速，反之則會減速。只是飛機和汽車有一個相當大的不同點，就是如果飛機在天空上什麼都不做，空氣就不會給予支撐飛機重量的力量。因為飛機要往前飛行除了往目的地前進的力量以外，也需要支撐飛機重量的力量。因此，飛機航行的力量關係不像汽車那樣單純，以下就來探討飛機飛行在天空中的力量關係。

　　但是在航空界使用的力量單位不是一般使用的牛頓單位（符號以N表示），而是和重量用相同的噸或kg為單位。之所以要這麼做是因為比起在飛機重200噸的情況下，說支撐它所需的升力為1,960,000N，還不如直接用200噸表示，這樣在飛行時比較容易理解飛機的狀況，也比較方便。在航空界1kg所代表的力量為9.8N。

汽車行駛時的力量關係

汽車跟道路的關係一直都是相同的，也就是（汽車重量）＝（道路的反作用）的關係是恆定的。

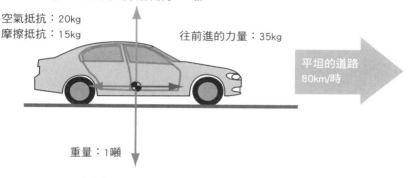

道路反向而來的反作用力：1噸

空氣抵抗：20kg
摩擦抵抗：15kg

往前進的力量：35kg

平坦的道路
80km/時

重量：1噸

（往前進的力量）＞（阻力）的話，行車速度會變快。
（往前進的力量）＜（阻力）的話，行車速度會減慢。

飛機飛行時的力量關係

（升力）＝（重量）的關係一定是相同的，絕對不會有升力增加所以往上升、升力下降所以往下降的情況。如果升力有很大的變化也不會對飛機的強度造成影響，如果變成狀況稍微不同的雲霄飛車，升力的變化就會讓乘坐的舒適感變差。

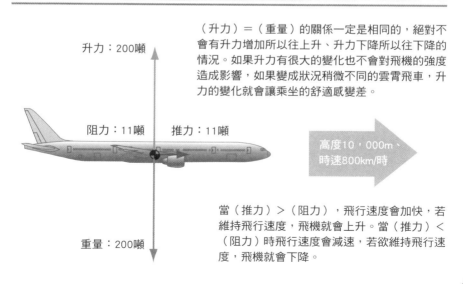

升力：200噸

阻力：11噸　　推力：11噸

高度10，000m、
時速800km/時

重量：200噸

當（推力）＞（阻力），飛行速度會加快，若維持飛行速度，飛機就會上升。當（推力）＜（阻力）時飛行速度會減速，若欲維持飛行速度，飛機就會下降。

飛機是如何往前飛行的呢？
前進的力量也是靠反作用力產生的

汽車的前進其實是利用引擎的力量使輪胎運轉，而運轉中的輪胎，則在利用不斷摩擦著道路所產生的反作用往前行。如同把車開到泥濘之中，車輪會將泥水往後方噴去的狀況一樣，輪胎之所以能夠不斷摩擦路面得到往前跑的力量，完全是因為摩擦力的關係。

飛機的引擎也和汽車的狀況相同，都是利用反作用力前進，但和汽車不同的是，飛機沒有輪胎和道路之間的摩擦前進關係。雖然空氣和飛機之間互有摩擦關係，但是只是產生了防礙飛機前進的阻力，還沒有到可以成為前進推力的程度。因此飛機就完全不仰賴摩擦力，反而利用快速將大量空氣往後方送的方式，得到前進所需的推進力。

這個原理就跟氣球在天空中飛是相同的，但是它不像氣球是利用噴出儲存在內部的空氣的方式往上飛。像氣球一樣使用貯藏的空氣飛翔的這種方法，即使在真空中也能飛，但是一旦空氣耗盡後就飛不起來了，而且在真空中根本不會產生升力，所以這不在討論的範圍內。於是可以知道，飛機不是像氣球一樣是利用貯藏空氣的方式前進，而是利用從前方吸取大量空氣然後往後噴射的方式產生推進力。若用英文來表示噴射這個詞的話就是JET，像這樣的噴射引擎，英文就是「Jet Engine」。

但是飛機的狀況並不是加大升力就會往上升、降低升力飛機就會往下降，因為升力和飛機的重量一直都是在平衡的狀態下才能在天空中飛行。而飛機若要上升或下降就是要增大推進力或減低推進力了。也就是說，飛機一定要保持好上下的關係，才能利用和兩旁的連帶作用來上升或下降。

反作用的例子（其1）

利用單槓做引體向上時，是經由相對於手腕用力將身體接近單槓的反作用力讓身體往上。

作用　反作用

汽車的前進是利用相對於輪胎轉動時，摩擦地面所產生的反作用力往前行。

反作用的例子（其2）

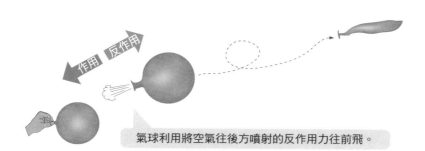

作用　反作用

氣球利用將空氣往後方噴射的反作用力往前飛。

飛機利用引擎往後方噴射氣體的反作用力往前進。

作用　　　反作用

1-14 飛機需要多大的力量才能飛行？

為了在空中飛行需要極大的力量

為了使汽車以時速80km的速度往前行駛，必須持續產生與空氣抵抗的力量，以及摩擦地面產生的摩擦力，這兩方的阻力一樣大的力量。同樣的，飛機也必須持續產出能夠和阻力對抗的力量。此外，由於阻力的公式是（阻力）＝（阻力係數）×（動壓）×（機翼面積），而這不只是機翼的阻力而已，所以在這個算式中會調整阻力係數以便運算飛機整體的阻力值。這個阻力係數的值（C_D值），大概在新幹線（0.15～0.2）或是汽車（0.25～0.3）的十分之一以下的0.02左右。

在調查飛機性能的「標準」之中，有一項表示升力和阻力的比例項目叫做「升阻比」。當飛機在水平飛行時，因為升力和飛機重量相等，推力又和阻力相同，所以升阻比會等於重量推力比。也就是說，升阻比就等於是我們想了解，多大的力量將可以搬動多重物體時的基準。由於在升力和阻力的算式中如果係數拿掉就會變成完全相同的算式，所以升阻比也能成為升力和阻力係數的比值。由此可知，只要知道各個係數的數值就能算出升阻比，而阻力的公式能用機翼面積來代表整架飛機的阻力，意義就在這裡。

如果從重量推力比的觀點來看，電車大約是50、汽車大約是電車的一半左右，而噴射客機大約是18。電車是50的意思是指，如果是一輛200噸的列車在一定的速度下行駛，它需要用50分之1，也就是4噸的力量才能向前行駛。由此可知，若是表示18的飛機，就代表重量200噸的飛機大約需要11噸的推力往前飛行。但是由於以上的例子都是在一定的速度下飛行所得到的結果，因此若要從零開始出發起飛，或是比水平飛行還要耗力的上升時，就需要更大的力量。

升阻比

升力＝ 升力係數×動壓×機翼面積

阻力＝ 阻力係數×動壓×機翼面積

$$升阻比 = \frac{升力}{阻力} = \frac{升力係數}{阻力係數}$$

阻力係數會根據形狀的不同而有所不同

阻力係數（C_D值）＝0.3　　　阻力係數（C_D值）＝0.15　　　阻力係數（C_D值）＝0.02

行駛間需耗費多少力呢？

鐵軌的反作用力200噸

阻力4噸　推力4噸

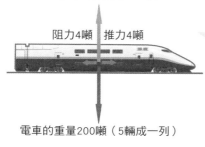

電車的重量200噸（5輛成一列）

因為升阻比＝$\dfrac{升力}{阻力}=\dfrac{200}{4}=50$

所以推力＝$\dfrac{重量}{50}=\dfrac{200}{50}=4$

得知電車若要以一定速度行駛，
需要4噸的力量。

升力200噸

阻力11噸　推力11噸

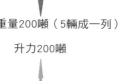

飛機重200噸

因為升阻比＝$\dfrac{升力}{阻力}=\dfrac{200}{11}\doteqdot18$

所以推力＝$\dfrac{重量}{18}=\dfrac{200}{18}\doteqdot11$

得知飛機若要以一定速度飛行，
需要11噸的力量。

美麗又危險的平流層

　　自從客機進入噴射引擎時代以來，便能飛越對流層，飛升至平流層。從前，我們認為在平流層內就連大白天都可以看見滿天星斗，但實際上雖然沒有閃亮的星星，卻可以看見比陸地上還要濃厚的藍天。

　　平流層的高度，會隨著氣溫而改變。例如平流層在赤道附近的高度約在17,500m左右、北極附近則大約在8,500m上下，即使是同一個位置，夏季和冬季時的平流層高度也都不同。因此在夏季，也會有飛機爬升到最高位置還無法到達平流層的情況。不只如此，平流層內經常會形成在航空界稱為Cb（Cumulonimbus的簡稱，積雨雲）的一種相當危險的雷雲。Cb一旦成形，不論飛機爬升到多高的高度都無法脫逃。因此，我們都會設置一些飛行員專門在Cb附近觀察，並將Cb的位置、高度、大小等詳細資訊告知塔台，避免讓任何飛機接近。

在平流層可以看見比陸地上濃好幾倍的藍天，此照片為在平流層內看到的曙光。

第2章
噴射客機的種類

雖然飛機和音速有著極為密切的關係，
但那並不是因為飛機發出噪音飛行的緣故。
即使是噴射機，想要突破音速的屏障，
到目前為止都仍是很困難的事情。
因此在此章中我們將針對
飛機和音速密不可分的關係進行解說。

航空器和飛機之間的差異

飛機是運用升力和推力飛行的航空器

車輛，是電車、汽車等利用車輪在地面上移動的運輸機器總稱。在道路上行駛的車輛包含汽車、摩托車、輕量車（如腳踏車、拖車）和無軌電車等。其中，汽車又可細分為大型汽車、中型汽車、普通汽車、大型特殊汽車、重型機車、普通機車及小貨車。

相同的，雖然在天空飛的運輸機器也都有各自的名稱，但就等於稱在陸地上移動的運輸機器為車輛一般，稱為航空器。也就是說，航空器代表了所有在天空上飛行的運輸機。如果將航空器分成兩大項，分別是輕航空器（比空氣還要輕的航空器）和重航空器（比空氣還要重的航空器）。輕航空器又包含了飛行船和氣球，重航空器則包括了飛機、直升機、滑翔機等。屬於輕航空器的飛行船是利用像是氦氣這類重量比空氣還要輕的氣體，產生浮力飛上天空，再利用動力裝置自由地在空中移動。

相較於此，氣球因為沒有推進力，所以正確來說（在日本的航空法上）它並不能列入航空器之中。而屬於重航空器的滑翔機，雖然能利用升力飛行，但因為也沒有推進力，所以也不能算是飛機。此外，直升機是利用不停旋轉翅膀（螺旋槳），取代前進力以獲得升力在空中飛行。正因為它是一種轉動翅膀的航空器種，所以在日本的正式名稱不是飛機，而是旋翼機。

以上所稱的飛機，都是由自力產生前進的動力，並由固定的機翼產生升力在天空飛行的航空器。

各種種類的航空器

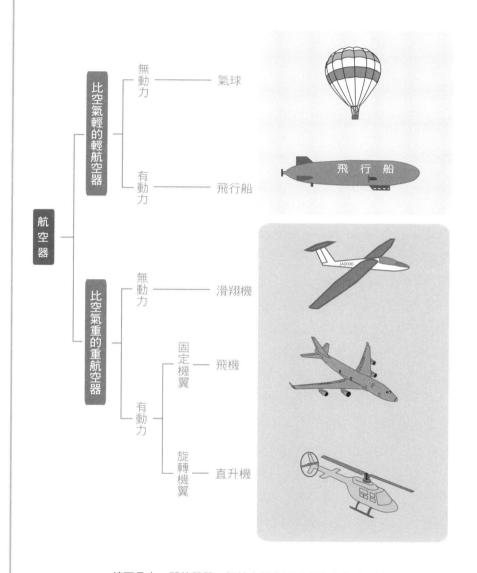

航空器

比空氣輕的輕航空器
- 無動力 ── 氣球
- 有動力 ── 飛行船

比空氣重的重航空器
- 無動力 ── 滑翔機
- 有動力
  - 固定機翼 ── 飛機
  - 旋轉機翼 ── 直升機

飛 行 船

JA0000

總而言之，即使單單一個航空器也可以大致分成5個種類。

民航機為什麼不能在空中翻轉呢？

飛機是依據用途來分類

　　我們都知道如果客機在空中翻轉，在內部乘坐的旅客一定會感到不舒服，因此在這一節中，將針對被製造出的客機其堅固度以及強度來進行討論。

　　首先，先來想一下當客機在空中翻轉時會增加多少G值。所謂G值，指的是飛機在空中突然轉換方向或降落時所產生的，將慣性力以重力加速度的倍數表現出來的數值，也稱為「負載因數」。假設飛機以時速630km的速度做了一個半徑1,000m的翻轉時，客機會受到離心力等力量影響，產生最大4G力量的作用力。若此客機的重量是200噸，它在翻轉時就會產生機身重量的4倍，也就是800噸的作用力，等於客機此時呈現的重量會變成800噸重。由於機翼為了支撐這800噸的作用力，必須產生等同800噸的升力，因此可知，此時機翼的負擔相當沉重。

　　但是，客機所能承受G值的最大限度（稱為負載因數上限）是2.5G。如果加上考慮安全因素的1.5倍，最後的終極負載因數上限也只有2.5G×1.5＝3.75G。因此，從客機本身的強度問題來說，要它承受飛機在翻轉最後產生的4G作用力，可說是相當困難的。順帶一提，即使客機真的能夠在空中翻轉，也會需要一種為避免全體乘客的血流只停留在同一處的耐G套裝才有辦法。

　　當然，雖然客機根本不需要在天空中翻轉的能力，但是我們還是需要能夠翻轉的飛機。因此，根據耐航類別可以將飛機分成：特技A、實用U、普通N和運輸T等類型，而客機是屬於T類型。此外，不只是飛機有分耐航類別，滑翔機和直昇機也有同樣的耐航類別。

當飛機在天空翻轉時產生的G

從離心力 $= \dfrac{(飛機的質量) \times (速度)^2}{(半徑)}$

可得知由離心力引發的$G = \dfrac{(速度)^2}{(半徑) \times (重力加速度)}$

若代入半徑1,000m、
速度630km/時（175m/秒）可得

$G = \dfrac{(175m/秒)^2}{(1,000m) \times (9.8m/秒^2)} \fallingdotseq 3.0$

離心力3G－重力1G＝2G

離心力3G

2G

重力1G

只算離心力有3G

3G

3G

3G

離心力3G＋重力1G＝4G

4G

飛機根據用途可分為四類

耐航類別：根據飛機的耐航性進行的分類情況。所謂的耐航性，指的是包含飛機在空中航行的安全性和可靠性所衍生出的飛機在航行時適合飛行的程度。

飛機　特技A

飛機　特技A（Acrobatic Category）	適合特技飛行的飛機（最大6.0G）
飛機　實用U（Utility Category）	包含可以進行急驟的飛行以及除了倒飛（頭下腳上的反面飛行方式）以外適合特技飛行的飛機（最大4.4G）
飛機　普通N（Normal Category）	無法超越傾斜60°旋轉，適合普通飛行的飛機（最大3.8G）
飛機　運輸T（Transport Category）	適合航空運輸業使用的飛機（最大2.5G）

客機屬於「運輸T」類型。所謂的航空運輸業代表的是有償使用航空器運送旅客或貨物的運輸業（也就是航空公司）。相對於此，另外一個航空器使用業（進出口商）所代表的是，有償使用航空器除了運送旅客或貨物以外，例如拍攝航空照片的飛行活動的行業。

飛機各個構造的作用

每個部位都缺一不可

　　所有的飛機不論大型或小型，大部分的構造都是一樣的：主翼、機身、垂直尾翼、水平尾翼、動力裝置、起飛著陸裝置等。接下來就來簡單地介紹一下各個部位的功能吧！

　　首先我們來看看飛機主翼的部分。主翼負有產生支撐飛機整體升力的重大責任，另外主翼也是有效利用翼內空間儲存燃料的燃料槽。此外，主翼還有一個部份被稱作副翼（aileron）的輔助翼，用來在飛機轉換方向時傾斜的舵面（呈現舵狀並且會動的翼面，又稱作「動翼」）。順帶一提，由於副翼是法國人想出來的裝置所以是法文。aileron在法文的意思裡有「羽毛尖端」或是「魚鰭」的意思。

　　就像尾翼還有另一個別稱叫做安定板一樣，它是讓飛機能夠平穩地在空中飛行的機翼。水平尾翼的部分有一個升降舵（elevator）的舵面，負責在飛機上升或下降時控制機首往上或向下做俯仰運動。另外在垂直尾翼的部分則有一個方向舵（rudder），此方向舵不但控制飛機的飛行方向，同時在飛機轉彎時幫忙輔助、在引擎故障時負責維持方向。

　　機身截面呈現近似圓形，這是能夠保持機身的最佳形狀，並且也能將阻力降到最小，可說是一石二鳥的設計。由於飛機不只是在改變方向時會需要增加推進力，也必須思考因為機內和機外的氣壓差而產生的力量。因此，圓形是對抗此力量、保護機身結構的最佳選擇。另外，深海調查潛水艇「深海6500」的耐壓殼（船艙）為了能承受680氣壓的水壓，它的形狀也是接近正圓的球形。

飛機的外觀及其名稱

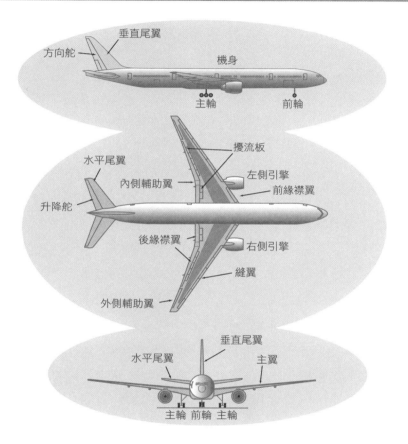

主翼：產生升力時使機身安定不會左右傾斜的裝置
水平尾翼：負責保持機身上下方向（縱向）穩定的尾翼
垂直尾翼：負責保持機身左右方向（橫向）穩定的尾翼
副翼：控制機身左右滾轉的動作
升降舵：控制機身上下俯仰的動作
方向舵：控制機身往左右方向移動的動作
襟翼：起飛時讓升力加大的裝置
縫翼：讓機翼前緣往前突起形成空隙的裝置
擾流板：減低升力、增大阻力的裝置

2-04 機翼形狀五花八門的原因
根據飛行速度的不同而改變

　　從前，我們一直都認為飛機無法以超越音速的速度飛行，這是因為一旦飛機的飛行速度接近音速，通過機翼的空氣就會產生超越音速的震波，如此一來通過機翼的紊亂空氣會使阻力迅速增高，造成飛機失速的現象，產生我們稱為「音障」的麻煩情況。但是，目前科學家已經在進行機翼形狀的研究，希望能設計出超越音障、又能夠配合飛行速度的飛機。

　　首先，短距離航行的螺旋槳飛機的飛行速度是500km/時，也就是50％的音速、大約0.5馬赫。只要在這種速度範圍內飛行，就不用擔心通過機翼的空氣速度超越音速，所以這種飛機的機翼構造都是簡單又穩固、接近單純長方形的矩形機翼。而這些類似螺旋槳飛機，飛行馬赫在0.7以下的速度區域內的速度則為「次音速」（subsonic speed）。

　　另一方面，噴射客機的飛行速度是850～900km/時，0.80～0.86馬赫。在這個範圍內飛行的飛機，通過機翼的空氣很有可能會超越音速、產生震波。因此，為了延緩震波產生的時間，這種飛機在朝翼前緣的方向，機翼會呈現往後退縮的形狀，稱為「後掠翼」。像這種飛機的某一部分會超越音速，且速度範圍在0.7～1.2馬赫的速度稱為「穿音速」（transonic）。

　　然而，由於1.2～5.0馬赫的速度不論哪一部分都在超越音速的範圍中，因此稱為「超音速」（supersonic）。在這個範圍內飛行的飛機，不論是機翼還是機身的形狀都和其他機種不同。例如一種叫做「三角翼」的機翼，這種類型的機翼有能夠增大後掠角角度和加強機體強度的優點。

飛行速度為次音速的飛機機翼

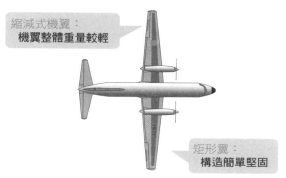

縮減式機翼：
機翼整體重量較輕

次音速範圍：
0.7馬赫以下、YS-11
巡航速度：
0.40馬赫、469km/時

矩形翼：
構造簡單堅固

飛行速度為穿音速的飛機機翼

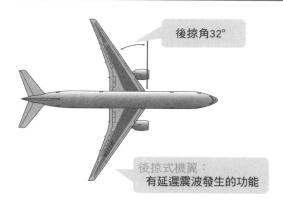

後掠角32°

穿音速範圍：
0.7～1.2馬赫、波音777
巡航速度：
0.80馬赫、850km/時

後掠式機翼：
有延遲震波發生的功能

飛行速度為超音速的飛機機翼

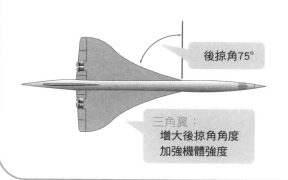

後掠角75°

超音速範圍：
1.2～5.0馬赫、協和式客機
巡航速度：
2.02馬赫、2,145km/時

三角翼：
增大後掠角角度
加強機體強度

2-05 如果利用音速飛行就會產生震波！

馬赫數代表的意思

如果有物體在水面上活動，水就會受到擾亂產生波紋不斷往外擴散。即使是在空氣中也和水面的狀況相同，只要空氣中有物體活動，物體四周的空氣也會受到擾亂，因而產生些微的壓力變化形成波紋在空氣中擴散。不過因為這個壓力變化非常微小，所以通常不會被發現。但若是撥動吉他的弦使之震動時，那些許的壓力變化就會轉換成樂音讓我們聽見。而我們可以聽見吉他的音色是因為它是由音速在傳導，不過其實音速不只是空氣傳導聲音的速度而已，它也是物體在活動時產生的些微壓力變化的傳導速度。

當兩輛電車在隧道中擦身而過，會使得車內氣壓上升使我們產生耳鳴。這是因為對向行駛而來的電車所產生的壓力波集體往車內湧入的緣故。就算是飛機的情況也是一樣，飛機在空中航行所產生的壓力變化的波動也會由音速往四面八方擴散。例如一架飛機在次音速範圍中飛行時，因為飛機在空中產生的壓力波動會以音速傳導出去，所以不可能追得到它。但是如果是在穿音速範圍內飛行的話，即使追不到這股波動，它也會在飛機前面被壓縮、累積。然而當它以音速飛行時，空氣被壓縮的情況便會更嚴重，因而形成一整束的波動力量，這樣的波動就稱為「震波」。

當我們在思考震波發生的原因時，可以知道以飛機飛行的速度和音速相較的方式會較為容易。而這個速度的單位就是「馬赫數」。馬赫數就是飛機的飛行速度和音速比較所呈現出來的值。若是0.8馬赫就代表飛機飛行的速度等於飛行高度音速的80％。順帶一提，在航空界不是用「馬赫」來代表速度，而是用「馬克」。理由是因為在無線通訊的情況下比較好分辨。

馬赫數與空氣波動的關係

馬赫數＝$\dfrac{\text{飛行速度}}{\text{音速}}$，例如0.8馬赫就代表音速80%的速度。1馬赫就等於音速。

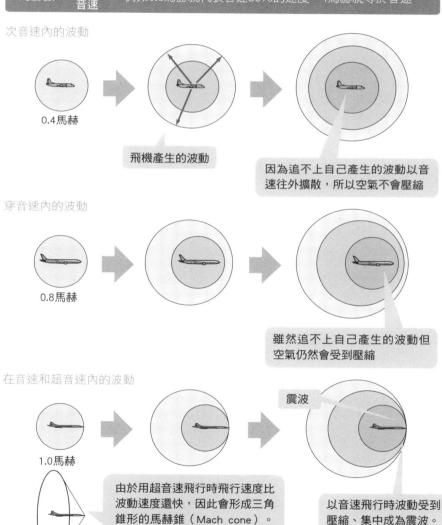

次音速內的波動

0.4馬赫

飛機產生的波動

因為追不上自己產生的波動以音速往外擴散，所以空氣不會壓縮

穿音速內的波動

0.8馬赫

雖然追不上自己產生的波動但空氣仍然會受到壓縮

在音速和超音速內的波動

1.0馬赫

震波

由於用超音速飛行時飛行速度比波動速度還快，因此會形成三角錐形的馬赫錐（Mach cone）。當這個波動傳到地面時，就會產生稱為音爆（sonic boom）的巨大聲響。

2.0馬赫

以音速飛行時波動受到壓縮、集中成為震波。

2-06 現在之所以會沒有超音速客機的原因

除了聲音障礙外，還有許多其他的障礙

　　說到飛機的歷史，可以說是一直在追求越快越好、越遠越好和越高越好。在螺旋客機的時代，從東京到舊金山必須到檀香山補給燃料。又因為當時的飛行速度只有450km/時左右，所以總飛行時數超過25小時以上。但是自從噴射客機出現以後，便能以比螺旋槳飛機還要快兩倍的速度900km/時在高空飛行，從此橫越太平洋就再也不需要暫停，總飛行時數也大幅縮短為9小時。而且飛機的飛行距離之所以能夠增加，其實是因為飛機的飛行速度大幅上升。

　　然而，如果是超音速客機（Super Sonic Transport；SST）的話，從東京到舊金山只要4小時以內就可以到達了吧？只是，到現在仍無法實現。這是因為用超音速飛行會面臨到相當多的障礙。例如機體為了應付從零到音速以上的大速度範圍，在開發機體和引擎上必須花費龐大的費用，這是其中一項障礙。

　　此外，由於三角翼在飛機起飛時速度特別快，所需的滑行距離也較長，不僅能符合此項要求的機場不多，而起飛時的噪音也相當大。而且超音速飛行引起的震波還會傳達到地面上，產生音爆問題。因此只有在海面上空才能進行超音速飛行，即使超越了音速的障礙，也還有噪音的障礙擋在前面。但是在不久的將來，相信一定能製造出超越這些障礙的超音速客機。

飛到舊金山的總飛行時數

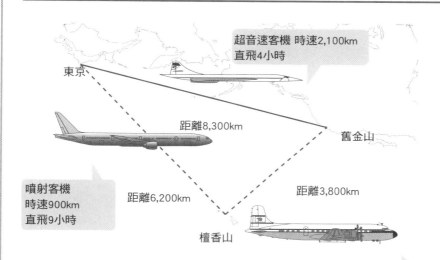

超音速客機 時速2,100km
直飛4小時

東京

距離8,300km

舊金山

噴射客機
時速900km
直飛9小時

距離6,200km

距離3,800km

檀香山

螺旋槳飛機 時速450km
行經檀香山 需25小時以上

超音速客機的設計

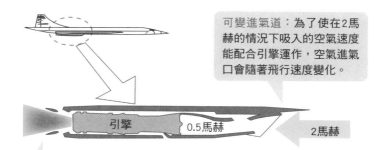

可變進氣道：為了使在2馬
赫的情況下吸入的空氣速度
能配合引擎運作，空氣進氣
口會隨著飛行速度變化。

引擎　0.5馬赫

2馬赫

可變排氣道：
當飛行速度小於音速時，飛機為了加速排出氣體，會將排氣管的排
氣口縮小。但是當飛行速度大於音速時，排氣口的大小就會和火
箭噴射器的噴出口一樣大。這是因為當氣流大於音速時，排氣口越
大，排出氣體的速度就會越快。

2-07 　在客機之中沒有單引擎飛機的理由

問題在於該不該出發？

　　在所有的客機類型中，有雙引擎、三引擎甚至也有四引擎，但惟獨就是沒有單引擎飛機。其中的理由，是因為這些客機（也包含運輸貨物專用機和區間飛機）不論引擎在何時何地故障，都仍必須具備能安全飛行的能力。

　　試著想一下，如果一架飛機在起飛滑行時，引擎突然故障的話會如何？如果必須讓飛機停止起飛，飛機勢必要在有限的跑道內完全停止行進。此外，即使是照原訂計畫起飛，飛機也必須以剩下的引擎力量在跑道用完之前起飛。然而就算飛機已經安全起飛，它也必須具備，能夠游刃有餘地運用剩餘的引擎力量閃避出現在眼前的高山，甚至是高樓大廈等高聳建築物的能力。當然不只起飛時，一直到降落為止，不論引擎何時故障，飛機都必須要能夠安全地飛行。為此飛機都有一套安全的標準，而客機就是在這樣的標準之下所製造出的產物。

　　但是，在引擎故障時到底應該停止起飛還是繼續飛行？這對飛行員來說是一項很重大的問題，因為一旦超過應該停止起飛的時機，飛機很有可能就無法在有限的跑道內完全停止滑行。而且，就算很早就決定好要繼續起飛，也不一定確保能夠成功地運用剩下的引擎加速，並在滑行跑道內完成起飛動作。也就是說，要在什麼樣的時機點前決定起飛與否，就成了一個很大的問題。因此，航空界設定了一個叫做V1的速度。只要在到達V1以前的速度之內停止，就能在滑行跑道內完全停止；若是速度已經超過V1，即使決定要繼續起飛，也還在能夠安全起飛的速度範圍之內。因此飛行員通常都要在時速未到達300km的V1速度前後1秒之內，決定停止起飛還是繼續動作。

雙引擎的推力與飛機的重量關係

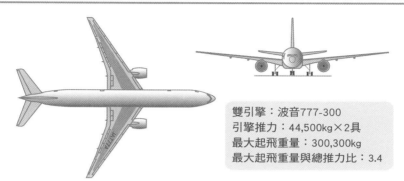

雙引擎：波音777-300
引擎推力：44,500kg×2具
最大起飛重量：300,300kg
最大起飛重量與總推力比：3.4

三引擎的推力與飛機的重量關係

三引擎：MD-11
引擎推力：26,300kg×3具
最大起飛重量：273,300kg
最大起飛重量與總推力比：3.5

四引擎的推力與飛機的重量關係

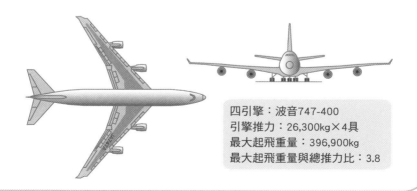

四引擎：波音747-400
引擎推力：26,300kg×4具
最大起飛重量：396,900kg
最大起飛重量與總推力比：3.8

螺旋槳飛機和噴射機的差別

螺旋槳飛機的弱點在高速飛行，噴射機則是慢速飛行

　　在螺旋槳飛機之中，螺旋客機為轉動螺旋槳，使用的引擎也是和噴射引擎同等級的渦輪螺旋槳引擎（Turboprop Engine）。但不論是用哪一種引擎來轉動螺旋槳，其飛行速度還是有所極限。這是因為飛行速度越快，空氣通過螺旋槳的相對速度也會加快，很容易就會超越音速。結果螺旋槳就會因為震波產生而使得阻力急增，導致效率變差。若發現了這種狀況，並為了防止螺旋槳產生震波而降低轉速，反而會使飛機往前進的推力不足、無法加快速度。

　　但如果只和其他機種的飛機比較速度，對螺旋槳飛機來說就不公平了。這時就出現了一種標準，名為「推進效率」。所謂推進效率，是用來表示引擎的功率，指的是為了讓飛機往前行進所需耗費的能量，所以數字越高效率越好。如果用這個標準來比較，在飛行速度550km/時以下的範圍內，完全是螺旋槳飛機的天下，效率最好。此外，由於噴射引擎在越高速的情況下，自然流入的空氣也就會增多（稱這個現象稱為「衝壓式效果」），所以越高速效率越好。

　　順帶一提，螺旋槳的旋轉方向在東西方國家並不相同。若從正面來看，日本和美國的引擎都是以逆時針方向旋轉，英國的引擎則是順時針方向旋轉。這樣的差別從往復活塞式引擎的時代開始就存在，噴射引擎的旋轉方向也從那時就流傳至今。另外，因為YS-11的引擎是英國製造，所以螺旋槳也是以順時針方向旋轉。

螺旋槳的極限

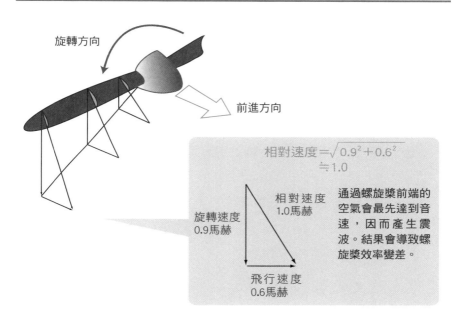

旋轉方向

前進方向

相對速度 $=\sqrt{0.9^2+0.6^2}$
$\fallingdotseq 1.0$

相對速度
1.0馬赫

旋轉速度
0.9馬赫

飛行速度
0.6馬赫

通過螺旋槳前端的空氣會最先達到音速,因而產生震波。結果會導致螺旋槳效率變差。

飛行速度與推進效率

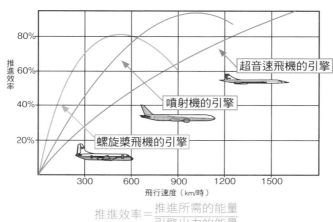

推進效率

超音速飛機的引擎

噴射機的引擎

螺旋槳飛機的引擎

飛行速度(km/時)

$$推進效率 = \frac{推進所需的能量}{引擎出力的能量}$$

2-09 馬力與推力的差別

螺旋槳飛機的引擎為何用馬力表示？

　　一般來說，所謂的大力士指的是比一般人還要有力氣，並能夠抬起重物的人；而有工作力氣的人，指的是能夠將重物搬到比一般人還要遠的地方去的人。然而，有馬力的人所指的是能夠比任何人都快速地把一件工作完成的人。如果將上述例句都改成物理名詞，所謂的力（force）所指的是移動物體或改變物體速度的能力，功（work；即一般口語的工作）指的是移動物體一段距離所需的工作量，而馬力（power）指的是短時間內能夠完成的工作量，也就是工作效率。力的物理單位是牛頓（N），也就是1牛頓＝1kg・m/秒²，也可簡化為10牛頓≒1kgf（kgf=kgw）。

　　（功）　＝（力）×（距離）　　　　　　　　（kgf・m）

　　（馬力）＝（力）×（距離）÷（時間）　　　（kgf・m/秒）

　　說到飛機的作「功」，就是在天空飛行的工作量。飛機能夠完成這項工作（即功）的原動力就是噴射引擎的推力，在飛行手冊中的單位是以kgf表示。如果有連噴射客機的推力都不足的情況，在航空界稱為「推力不足」，並將逆向噴射裝置（噴射引擎的加速器）稱為「逆向推力」，另外也常使用「推力足夠」等的業界用語。

　　另一方面，利用螺旋槳來轉動引擎的情況，則用馬力來表示。至於為什麼是用馬力而不用推力來表達，是因為根據飛機安裝的螺旋槳不同，產生的力量也不盡相同。我們說螺旋槳所產生的力，其實就是螺旋槳在轉動時切開空氣產生的升力。因此，即使是相同的引擎，也會因為安裝的螺旋槳葉片數目或形狀不同，而使得產生的升力大小不同。所以在螺旋槳飛機的情況中，引擎能夠在每單位時間內讓螺旋槳轉動的圈數，變成了測量工作效能的基準，這也就是以馬力來表示其引擎效率的原因。

馬力是什麼？

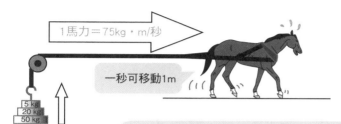

1馬力＝75kg・m/秒

一秒可移動1m

5 kg
20 kg
50 kg

所謂的功，指的是在一物體上施加力量使之移動，也就是
（功）＝（力）×（距離）
而馬力代表的是每秒能夠完成多少功，也就是

$$（馬力）＝\frac{（力）×（距離）}{（時間）}$$

所以1馬力也就等於1秒鐘能將75kgf的物體移動1m的力量。

註 kgf=kgw（公斤重）

馬力與推力

萊特飛行器（萊特兄弟的飛機）
引擎12馬力 飛機重量340kgf

波音777-300ER起飛時的推力和速度
引擎推力52,100kgf×2具
起飛速度326km/時（90.5m/秒）
飛機重量350噸

波音777-300ER起飛時的馬力是

$$馬力＝\frac{104,200kgf×90.5m/秒}{75kgf・m/秒}$$

$$≒125,700$$

大約等於12萬馬力。因此可以得
知，噴射客機能夠產生1萬倍也就
是12萬馬力的力量，能將比萊特
飛行器重1000倍的350噸重的飛
機起飛。

註 1kgf為1kg質量的物體在地球上
的重量，1kgf等於9.8牛頓，約
為10牛頓。質量（kg）和重量
（kgf)的概念容易混用，為了避
免困擾，這裡會使用kgf，而不
用kg。

飛機不是以正北為基準而是以磁北為基準

一般我們的地圖都是以指北極點的北方（正北）為基準，在航空界則是以指南針所指的北方（磁北）為基準。

比如說，在羽田機場的某個跑道上標記了一處編號34的位置，是因為這裡的指南針方位是337°的關係。由於日本的位置和正北相比，磁北指的位置比正北多7°，所以正方位就是337°減掉7°的330°。因此，若要用正方位來標記的話就是33。此外，安克拉治機場的跑道07所代表的就是指南針方位的69°，在地圖上的位置幾乎和東方一致。這是因為它的位置和磁北相當接近，所以大約會減少個20度左右。

而飛機為什麼要以磁北作為基準？是因為在地球上還能夠以北極星作為參考，但是在天空中卻不是一直都可以看得到星星。因此，船隻為了在大海上航行所發展出的辨認方位技術，也是利用原理和指南針一樣的小型輕量磁石的最大理由就在這裡。

北磁極附近的上空。由於現在飛機能夠自己辨認出正北方位，所以已經不是運用磁石而是用電腦來算出磁方位。

第3章

翱翔天際的必備系統

飛機上搭載的裝備，從電子儀器到大型機械都有，
範圍非常廣大又複雜。飛機藉由有系統地運用這些裝置，才能
夠安全地在天空中飛行。在這章中，我們將解說有關
這些裝置的構造，以及測量飛行高度和速度的方法。

飛機上的駕駛艙是什麼模樣？

景色優美但意外地狹窄

　　在駕駛艙（操控室）裡，機長坐的左側座位及副機長坐的右側座位附近幾乎都被相同且數不清的儀器和按鈕包圍著，這是為了讓飛行員不論在左邊或右邊都能夠方便操縱儀器的設計方式。如此一來，就算哪一邊的儀器突然故障也不會有問題，而且當其中一名飛行員突然沒辦法操控時，還有另一位飛行員可以操控。像這種將飛機的內部裝置等儀器多重設置的方法，稱之為重複性（redundancy或稱為備援），即使發生問題也有其他備用裝置可以使用以提高安全性。此外，飛行員在行駛中不只要繫安全帶和腰帶，還要繫上肩背式安全帶（shoulder harness）。為配合飛行員被安全帶固定住的行動範圍，還要能夠控制其他按鈕和操縱桿，駕駛艙的大小才會是如此剛剛好。

　　關於駕駛艙內的儀器數量，有漸漸減少的傾向，主要是因為能夠讓映像管和液晶畫面以彩色呈現的EFIS（電子飛行資訊系統）已成功問世。此外，在飛行員最方便操縱的位置還有標示速度、方位、高度等資料的PFD，PFD一旁還有將導航資訊顯示在螢幕上的ND。

　　中央部分則有由EICAS測得的引擎轉數和排氣溫度等指示值，以及顯示故障警報等的顯示器。這裡所提到的EICAS，指的是監視引擎和飛機裝置、警告飛行員飛機的異常現象的系統，也稱為ECAM。而位於EICAS顯示器下方的MFD，則顯示著電子檢查表（操作順序表）、引擎及其他系統的詳細狀況、與地面通訊的通聯狀況等，是一種可以由飛行員選擇所需要顯示的項目的多功能顯示裝置。

飛行員座椅的模樣

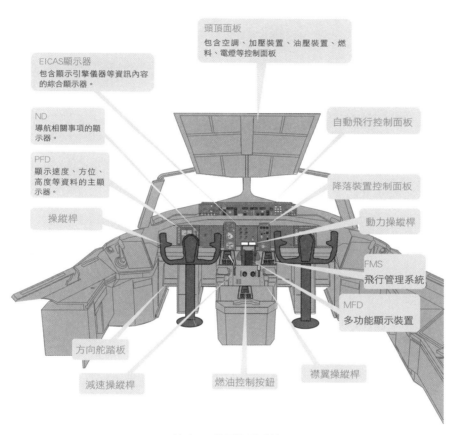

EICAS顯示器
包含顯示引擎儀器等資訊內容
的綜合顯示器。

ND
導航相關事項的顯
示器。

PFD
顯示速度、方位、
高度等資料的主顯
示器。

操縱桿

方向舵踏板

減速操縱桿

頭頂面板
包含空調、加壓裝置、油壓裝置、燃
料、電燈等控制面板

自動飛行控制面板

降落裝置控制面板

動力操縱桿

FMS
飛行管理系統

MFD
多功能顯示裝置

燃油控制按鈕

襟翼操縱桿

波音777的飛行員座椅

EFIS: Electronic Flight Information System
PFD: Primary Flight Display
ND: Navigation Display
EICAS: Engine Indication and Crew Alerting System
ECAM: Electronic Centralized Aircraft Monitor
FMS: Flight Management System
MFD: Multi Function Display

3-02 飛機飛行的三個方向
在三度空間飛行的飛機需要三個舵

在三度空間中飛行的飛機，根據它搖晃（也就是運動）的方向有三種不同的名稱：飛機的前進方向稱為縱軸、垂直方向是垂直軸、機翼展開的方向是水平軸。於是，以縱軸為基準左右機翼上下搖擺的情況稱為滾轉（rolling）。同樣的，若以垂直軸為基準機首往左右方向搖擺的情況則稱為偏航（yawing）；而以水平軸為基準機首上下搖擺的情況就稱為俯仰（pitching）。因此我們稱縱軸為滾轉軸（roll軸）、垂直軸稱為偏航軸（yaw軸）、水平軸稱為俯仰軸（pitch軸）。

在三度空間中飛行的飛機，有主翼、水平尾翼和垂直尾翼三種機翼。其中主翼的功能是產生支撐飛機的升力，水平尾翼又稱為水平安定板、垂直尾翼又稱為垂直安定板，這是因為其具備讓飛機穩定飛行的效用，當飛機違反飛行員的意願，在受到急陣風影響導致飛機飛行姿態改變時，也能自然地回到原本的姿態。

假設飛機朝下前進時，此時通過水平尾翼的氣流就會發生變化，因而產生朝下的升力，就是這一股力量讓飛機返回原本的姿態。即使是飛機的方向改變也是一樣，因為垂直尾翼產生的升力也會讓飛機回到原來的方向。像這樣不論產生的升力有多小，都能夠成功地改變飛機姿態，是因為利用槓桿原理所產生的結果。正是因為兩尾翼都和重心位置有一定的距離，所以只要用些微的力量就能有效地改變飛機的動向。因此能夠用（力量）×（距離）決定效能的，稱為力矩，以水平尾翼為基準的的力矩稱為俯仰力矩或俯仰力矩（pitching moment），以垂直尾翼為基準時稱為偏航力矩（yawing moment）。

飛機的三軸移動

滾轉

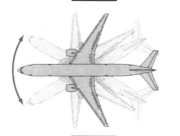

偏航

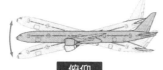

俯仰

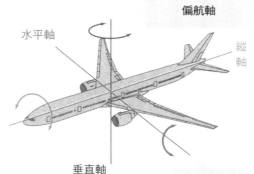

偏航軸

水平軸

縱軸

垂直軸

俯仰軸

滾轉軸

操縱舵面	移動	角度
副翼	滾轉	側傾角度 （bank angle）
方向舵	偏航	偏航角度 （yaw angle）
升降舵	俯仰	俯仰角度 （pitch angle）

水平尾翼與垂直尾翼的功能

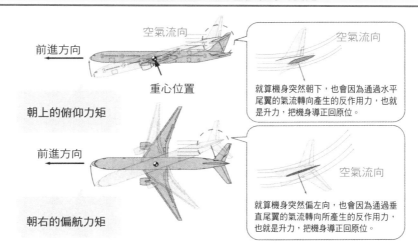

空氣流向

前進方向

重心位置

朝上的俯仰力矩

空氣流向

就算機身突然朝下，也會因為通過水平尾翼的氣流轉向產生的反作用力，也就是升力，把機身導正回原位。

前進方向

朝右的偏航力矩

空氣流向

就算機身突然偏左向，也會因為通過垂直尾翼的氣流轉向所產生的反作用力，也就是升力，把機身導正回原位。

3-03 操縱桿與飛機動作的關係
手腳並用操縱飛機

操縱桿位於操縱席的正前方，控制轉盤則是從control wheel直譯過來的名稱，不過在航空界多稱為操縱桿。如果像汽車上的方向盤一樣的方式旋轉操縱桿，副翼（aileron）就會動。接著，可以藉由將操縱桿往前推或往身體方向拉控制升降舵（elevator）的運作。當然，這個操縱桿可以同時進行旋轉和推壓的動作。此外，在腳下的地方有兩個併排在一起的踏板是方向舵踏板。只要踩下踏板，方向舵（rudder）就會開始運作，例如若踩下右邊的踏板，左方的踏板就會往身體接近。也就是說其實這左右兩方的踏板是機械式地連接在一起，能夠交互運作。

我們在3-02提過飛機是利用主翼、水平尾翼和垂直尾翼這三種機翼維持平衡，才能筆直地在天空中飛行。如果從反向思考，就等於只要適當地改變這三種機翼的平衡關係，飛機就能自由地在空中飛翔。而用來控制這三種機翼的力量，是由離重心位置有一段距離的舵來控制，因為它是藉由槓桿原理來運作，所以即使這個力量不大也能夠發揮相當大的作用。

舉例來說，如果我們把操縱桿往下壓，如此一來，通過水平尾翼的氣流就會因為升降舵往下移動而往下彎曲，此時水平尾翼便會藉由氣流變化發生的反作用力產生升力。經由這股升力的形成，能使讓機首向下的俯仰力矩產生作用，機首便會往下移動。若相反的將操縱桿往上拉，則會因為升降舵往上移動產生朝下的升力，使得讓機首上提的力矩發生作用，機首就會朝上移動。方向舵的操作也和此原理相同。當我們踩下右方的踏板，由於方向舵會往右邊移動所以會在垂直尾翼的左側產生升力，使得向右旋轉的偏航力矩產生作用，讓機首面向右方。

操縱桿與飛機的互動關係

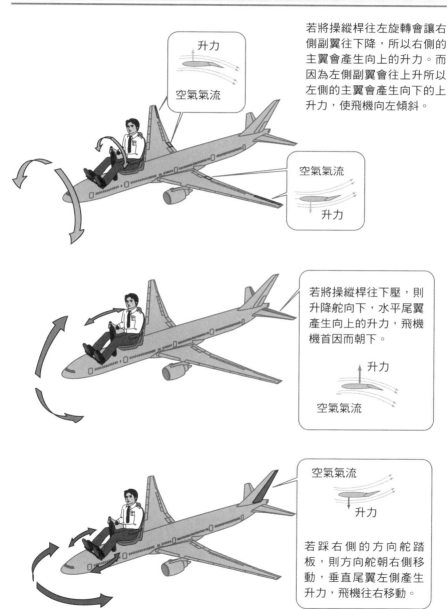

若將操縱桿往左旋轉會讓右側副翼往下降,所以右側的主翼會產生向上的升力。而因為左側副翼會往上升所以左側的主翼會產生向下的上升力,使飛機向左傾斜。

若將操縱桿往下壓,則升降舵向下,水平尾翼產生向上的升力,飛機機首因而朝下。

若踩右側的方向舵踏板,則方向舵朝右側移動,垂直尾翼左側產生升力,飛機往右移動。

掌控飛機飛行狀態的飛行儀器
在儀器內看到地球

　　汽車在運行時，可以從由窗戶往外看的道路風景直接判斷汽車的行進方向。因此，可以說從汽車的擋風玻璃看到的景象，就是讓我們了解汽車行進的儀器。此情況若是以飛機來說，在起飛和降落這種高度比較低時，也可以用和汽車相同的方式了解飛機起飛或降落的狀況。一旦飛機飛上了天空，要確定自己（機體）的位置在哪裡，就變成了一件非常困難的事情。況且有時候在天空中還會像在雲中飛行一般，進入了伸手不見五指的世界裡，根本就不可能看得到自己在空中飛行的情況。因此飛機除了要有擋風玻璃外，為了在空中也能了解自己在天上的狀況，也需要能顯示飛機飛行姿態的儀器。

　　它的特別之處，在於它將地球也放入了儀器之中，就像從擋風玻璃往外看似地，水平線配合著飛機的飛行移動著。至於為什麼能夠把地球放入儀器內，是因為垂直陀螺儀（高速旋轉陀螺）的軸部，有一種能夠恆定不變地指著一定方向的性質。因此我們只要把有這種能夠永恆保持垂直性質的旋轉軸（VG；Vertical Gyro）設置在飛機裡，即使飛機傾斜，而垂直陀螺的軸永遠都會是垂直不變的，所以能夠測知飛機傾斜的狀況。

　　能夠顯示飛機飛行資料的儀器，包含名為主要飛行顯示器（PFD）的總儀器以及其他的顯示儀器。其中顯示姿態的部分稱為「姿態指向儀」（ADI；Attitude Director Indicator）。藉由這台姿態指向儀的幫助，即使飛機外部視線惡劣，也永遠都能看見水平線，並且能夠精確得知自己飛行的姿態。例如當飛機往右傾斜時，儀器內的水平線會往左側傾斜，只要和儀器內的代表飛機的標記相比，就能夠直覺地理解到目前機身正往右傾斜。

顯示飛機水平飛行時的姿態

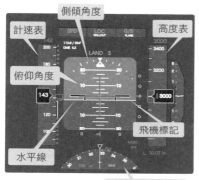

側傾角度
計速表
俯仰角度
飛機標記
水平線
高度表
顯示方向的儀器

標示飛機姿態的儀器和飛機實際的姿態。

從飛機後方看飛機

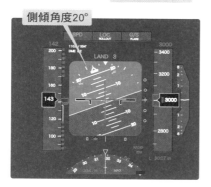

側傾角度20°

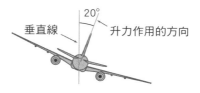

顯示飛機在側傾角度20°的狀態下往右側傾斜的狀態。

20°
垂直線
升力作用的方向

從飛機後方看飛機

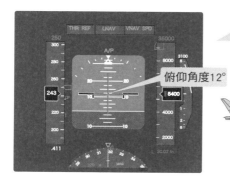

俯仰角度12°

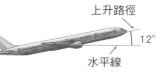

顯示飛機在俯仰角度12°的狀態下往上升的狀態。

上升路徑
12°
水平線

從側面看飛機

69

　　我們知道候鳥在夜晚時可以從星空和地磁場，而白天則可以從太陽和地形等判斷自己飛行的方向，因而能夠進行長距離的飛行。在航空界，有一種技術稱為「導航」，能夠安全穩定地把飛機引導到目的地，所以或許我們也可以說，候鳥的身上也具備了導航裝置。回到飛機的情況，由於飛機裝設有包含慣性導航系統和地上無線電波以及GPS（全球衛星定位系統）在內的無線電導航系統，因此可以比候鳥還要更精確地利用導航系統飛行。

　　所謂無線電導航，所指的是飛機接收從無線電基地台傳出的方位和距離等無線電波資訊後，再算出飛機位置的導航方式。然而慣性導航系統則是利用牛頓第一運動定律（即慣性定律）：「若物體不受外力（或合力為零時），則靜者恆靜，動者恆作等速度直線運動」這項原理所設計的系統。舉例來說，當我們看到有人在火車上打瞌睡時，他的頭會隨著火車起步和停車左右搖晃。明明他也想讓頭不動，但是還是會受到速度變化，也就是加速度的力量作用而搖晃。因此，這時只要查出這個人頭部搖晃的幅度，就能算出加速度的大小。如此一來，只要知道火車出發的位置，就能從加速度算出速度和移動距離。

　　實際上，這組導航系統是由兩組加速規（加速度計、加速度感測器）和三組垂直陀螺儀所構成。其中三組垂直陀螺儀分別用來感測真北、真東以及水平方位，由此算出飛機實際的飛行方向。然後再由一直保持著真北、真東以及水平方位的加速規算出實際的加速度。於是從加速度得到的現在位置，可以和備有航空圖等資料，一種稱為飛行管理系統的電腦併用，在畫面上呈現出讓飛行員一眼就能辨認的所在位置圖。此外，它也可以從無線電基地台得到的資訊，自動修正到更精準的方位。

慣性導航裝置的構造

慣性參考系統（IRS）　　　　　電腦

出發機場的
經緯度　**輸入** ➡

加速規
真北
90o
真東
感知北方與
東方的加速度

1 算出飛機實際飛行的加速度以及飛行方向
實際的加速度
$$\sqrt{110^2 + 173^2} \fallingdotseq 200m/秒^2$$

朝真北的
加速度
100m/秒²
30°
真東的加速度173m/秒²

飛機的姿態　**輸出** ⬅

三組垂直陀螺儀

感知真北・
真東・水平方位

2 從加速度×時間算出速度
實際空速
200×3,600＝720km/時

3 用速度×時間算出移動距離
移動距離
720km×30分＝360km

・現在位置
・方位
・對地速度
・上空的風
輸出 ⬅

從移動距離跟方向算出現在位置

真北180km
360km
60o
312km　真東

由此可以得知飛
機在30分鐘內以
60°的仰角飛行
了360km

測量方位的儀器

對地速度
風向/風速

藉由比較從陸地
上的無線電基
地台收到的資料
與自己的所在位
置，能夠使飛機
自動修正航道。

飛機標記

飛行方位
飛行路線
資料

通過地點名稱

ND（導航顯示器）

飛行管理系統輸入顯示裝置

不斷進化的自動駕駛功能
能減低飛行員疲勞的優良系統

　　雖然飛機有所謂的自動駕駛系統（autopilot），但絕不是有一個機器人坐在飛行員座椅操控整架飛機；而是利用類似人類身體裡的三半規管（保持平衡）性質，高速旋轉的垂直陀螺儀，藉由電力和油壓裝置自動控制副翼、升降舵以及方向舵。它的機能包括防止飛機發生dutch roll（不但橫向搖晃，又同時往左右方蛇行似地飛行）等現象的安定飛行機能、自動保持飛機高度和姿態的自動操縱機能，與自動引領飛機在固定的路線上飛行的自動導引功能。而擁有這三種機能的裝置就稱為「自動飛行裝置」（Auto Flight System）。

　　第一代的自動飛行裝置，就已經有只要扭轉按鈕就能夠操縱飛機、維持飛機高度的功能。之後又增加了讓飛機能夠正確地在規定好的路線上飛行的機能，也就是從陸地發出無線電引導飛機飛行路線的自動導引機能。

　　而第二代的自動飛行裝置，則開發出即使在無線電無法傳達的海洋上方，也能正確地在路線上飛行的慣性導航系統（Inertial Navigation System；INS），與不需要地面支援的自主導航及自動飛行員系統結合，使飛機能夠在正確的路線上自動飛行。此外，更增加了引擎自動發動的自動操縱功能，以便飛機在垂直方向也能進行自動導航。這些進步使得連自動降落（auto landing）都成為可能。

　　到了第三代的自動飛行裝置，則開發了利用雷射光線的垂直陀螺儀，不但精準度更加提升，也使得飛機能夠進行更細微的自動操縱工作。另外，不論是在水平方向還是垂直方向的導航精準度也大大提升，成功地大幅減輕了飛行員的工作量。

第一代控制面板

高度維持儀
• 維持高度

模式切換鈕
• 當飛機接收到無線電基地台傳送
來的無線電波,飛機便能朝著往
該發射地點的路徑飛行

轉彎&俯仰控制儀
• 往左右扭轉飛機就能往左右旋轉
• 往下壓使機首朝下
• 往上拉使機首向上

第二代控制面板

自動油門按鈕
• 維持最大推力
• 為保持速度設計的維持推力功能

速度模式選擇鈕
• 在飛機上升或下降時選擇速
度並維持
• 自動維持最節省的速度

導航模式選擇鈕
• 起飛前先輸入目的地之
經緯度並自動飛往該地
• 自動降落

高度選擇把手&按鈕
• 當飛機到達預設的高度以後就
自動保持在該高度

第三代控制面板

導航選擇面板　　方向控制面板　　控制上升下降率的面板

推力控制
面板

高度控
制面板

基本上和第二代的控制面板並無太大大差異,不過有以下幾項改良:

• 藉由使用雷射陀螺(ring laser gyro)加強飛機行進的精準度
• 結合導航(使飛機在水平方向與垂直方向都能正確飛行的方法)與自動操縱系統
• 更精準地控制飛機方位、旋轉角度、下降率、上升率等細微的部分

如何測量飛機的飛行速度？

利用空氣的力量測量飛行速度

　　我們能利用輪胎旋轉傳動軸的圈數，算出汽車在陸地上奔馳的速度，而在水面上行駛的船隻，則是利用當海水通過磁鐵之間會產生電流，稱之為「電磁感應」的性質，算出船隻行駛的速度。順帶一提，代表速度單位的「節（knot）」，是「連接點」的意思。從前，把一條在等距的地方（連接點）都有做記號的繩子從船尾拋入海面時，藉由計算繩子上的連接點，來決定速度大小的時代所留下來的講法。而現在的1節，等於子午線的緯度1分的距離，也就是在1海里之內，船隻在一個小時內移動的速度。而1海里是1.852km，所以1節＝1.852km/時。像這樣一個以地球為移動範圍的船隻航行速度單位，也通用在航空界。

　　言歸正傳，我們知道汽車行駛於路面，船隻航行在水面上，當然在天空中飛的飛機利用的就是空氣了。如果用很快的速度在空氣中飛行，就會聽見駕駛艙正前方的擋風玻璃切開風的聲音。飛越快風切聲也就越大，減速的話聲音則會隨之減弱。所謂風切聲是因為風壓，正確來說是因為動壓產生的。而用來測量動壓的裝置是皮托管（pitot tube），飛機的測速計會根據動壓的大小，讓金屬製的膠囊膨脹或凹陷，再由變換燈號的方式來顯現。

　　由測速計表示的速度稱為指示空速（IAS；Indicated Air Speed），對飛行員來說是最重要的速度資料。其中的理由就是像前面所述的一樣，因為升力和動壓互成正比。如果是以動壓為基準的速度，就可以從支撐飛機的升力得知飛機飛行的最小速度。反之也可以從空氣的力量得知可能會讓飛機損壞的最大速度。

皮托管的功能

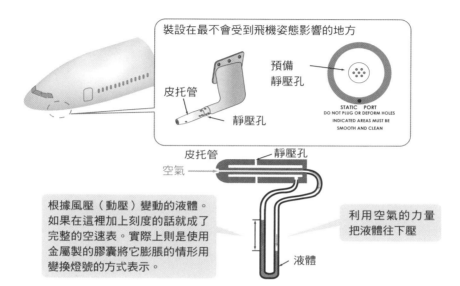

裝設在最不會受到飛機姿態影響的地方

預備
靜壓孔

皮托管

靜壓孔

STATIC　PORT
DO NOT PLUG OR DEFORM HOLES
INDICATED AREAS MUST BE
SMOOTH AND CLEAN

皮托管　　　靜壓孔

空氣

根據風壓（動壓）變動的液體。
如果在這裡加上刻度的話就成了
完整的空速表。實際上則是使用
金屬製的膠囊將它膨脹的情形用
變換燈號的方式表示。

利用空氣的力量
把液體往下壓

液體

測速計的例子

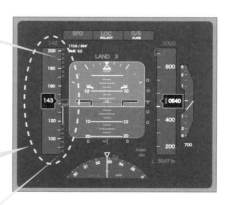

最高速警告

空速表
根據在捲尺上顯示的數
值的上下變動可以得知
速度狀態。黑色視窗內
表示的是現在的飛行速
度，也就是143節（大約
265km/時）。

最低速度警告

PFD（Primary Flight Display：
主要飛行顯示器）總儀器內的空速表

3-08　飛機飛行的高度為何？
有效利用氣壓與高度間有固定準則的關連性

在航空界「高」（height）和「高度」（altitude）是有差別的。所謂「高」，指的是從飛機的所在高度，垂直往下到海面或陸地等各種地形為止的垂直距離。也就是說，此高度等同於用一定的標準測量出來的距離，所以又稱為「絕對高度」。而這個高是利用從飛機腹部發射的電波，由發射電波和反射電波之間的時間差計算出飛機與地表的垂直距離。這樣的裝置稱為「雷達高度表」（radar altimeter），但並不是飛行中最主要的高度表。因為這是只用來確認像起飛或降落時與跑道等低高度範圍內的高，所以顯示範圍也只有從0～750m（2,500呎）左右。

而所謂的「高度」，也就是飛機的飛行高度，指的是把氣壓換算成高度的氣壓高度。而氣壓會隨著逐漸往上升成比例減少。更方便的是，測量氣壓的方式相當簡單，只要用一種名為空盒氣壓計（aneroid）的金屬薄片製成的真空膠囊測得氣壓，再把得到的氣壓和1大氣壓的差換算成高度。而這種以氣壓為基準換算出高度的高度表為「氣壓高度表」。

但是氣壓高度也不完全都是優點，就像每天的天氣預報可以看到的氣壓位置都不同一樣，氣壓也是每分每秒都在變化。如果在永遠都是以1氣壓的1,013hPa（百帕）為基準的高度上，則無法指出正確的高度。因此，必須設定實際的氣壓，讓它調整（改正）成正確高度。假設飛機降落時機場的氣壓為1,025hPa，此時如果將氣壓設定為1,025hPa，會與空盒氣壓計測得的氣壓有所差異，而這個差異就是正確的飛行高度。

高度與氣壓之間的關係

只要加上刻度就是一個高度表。實際上則是用金屬製的膠囊變化情形轉換為燈號表示高度的變換。

在高度10,000m的氣壓為265hPa,水銀柱的高度為20cm。

在0m的氣壓為1,013hPa,水銀柱的高度為76cm。

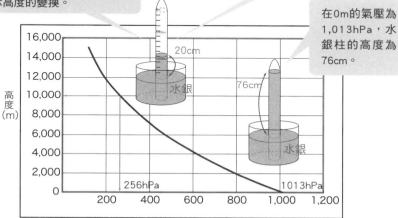

氣壓高度表

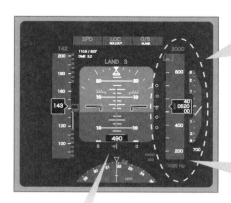

氣壓高度表
從捲尺上下移動的狀況可以得知目前飛行的高度。這個例子代表目前高度在520呎（158m）的位置。

為導正高度的氣壓值
藉由輸入目前飛行地區的實際氣壓,可以得知飛機實際飛行的高度（真高度）。平常會在飛機位於很高的位置,和在實際上並沒有測量氣壓的海平面上將氣壓設定為1,013hPa,此時得到的數值就等於假設海平面氣壓為1氣壓時可以得到的氣壓高度值。這樣的高度為飛航空層（flight level）。

雷達高度表
飛機與飛機正下方地形的垂直距離（高）。

3-09 著陸系統的構造
起飛時也需要相同的系統

　　當在飛機上聽到「本機即將降落」的廣播後，是不是就會感覺到從地上傳來一聲「匡噹」聲響？其實這個聲音就是飛機的輪架著地發出的聲音。接著還會在聽到「轟」的風切聲同時，聽到引擎聲逐漸變大。這是因為當飛機放下輪架以後對空氣的抵抗面積變大，才會需要這麼大的力量。因此，不會直接放著飛機的輪架不管就直接飛上高空以高速飛行，而是在起飛之後當升降計（指示上升或下降的儀器）表示要上升時，馬上就要把輪架往上收。

　　飛機的輪架雖然不是只有在著陸時才會使用到，但是它的名稱還是叫作登陸裝置（landing gear，日文稱登陸裝置，中文為起落架）。一般的飛機在機首附近的輪架稱為鼻輪（nose gear），主翼和機身連接處附近的輪架稱為主輪（main gear）。而連機體上都有主輪的超大型飛機，稱連接在機翼附近的腳為機翼起落架（wing gear）、連接在機身的起落架為機腹起落架（body gear）。至於為什麼在主翼附近要有起落架，這是因為在空中飛行時，用來支撐飛機重量的主翼在與機身連接處作得特別堅固的關係。由於飛機在著陸時會把支撐飛機的工作從主翼交給起落架，所以這些起落架主要都設置在這幾個轉換的位置。

　　當我們要收納這些起落架時，首先要開輪艙門，接著在起落架升起的狀態下固定位置，最後再關上輪艙門。並且為了不讓輪胎一直都在轉動，設置有讓它能夠自動停止動作的裝置。此外，通常在放下起落架時也有一定的順序，但是若原本的起落架出現問題無法放下時，也有備用的裝置可以使用。但是沒有為了收納而準備的預備裝置。因為就算強制將起落架收納起來，下次需要時放不下來的風險反而更高，所以直接讓起落架放著折回原處才是上策。

空中巴士A380的輪胎有22個

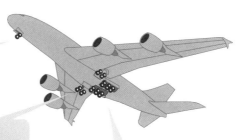

鼻輪
在機首的一隻鼻輪的緩衝支柱上有2個輪胎。

機翼起落架
機翼起落架是機翼和機身連接處的主輪，在一隻緩衝支柱上各有4個輪胎。

機腹起落架
機腹起落架是機身上的主輪，在一隻緩衝支柱上各有6個輪胎。

如上圖所示，空中巴士A380合計共有22個輪胎。而因為波音777沒有機腹起落架，又它在一支主輪的緩衝支柱上各有6個輪胎，所以共計有14個輪胎。

收納起落架的構造

收納致動器
（actuator）
藉由伸縮鋼管移動起落架。

將起落架往上收的位置

特別為油壓裝置故障時設計的放下起落架按鈕。

將把手設計成輪胎狀的起落架控制桿。

將起落架往下放的位置

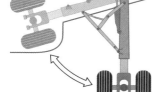

起落裝置控制面板

3-10 安全著陸的必備裝置
為順利降落設計的起落架功能

當人從高處往下跳時，膝蓋會在著地的瞬間自然彎曲，以減少衝擊力道。但是由於飛機無法彎曲腳，所以改成縮起輪架減少衝擊。那是一種名為液氣壓式減震支柱（oleo-pneumatic shock strut）的減震器，其運用原理是利用當作活塞使用的圓柱，來移動儲存於腳支柱中的機油，藉由壓縮氮氣來吸收衝擊的力道。當起落架在空中時，用來做活塞使用的內側圓柱會受到輪胎重量的影響完全伸長，但在接觸到地面的同時，內側圓柱便會往內縮，藉以吸收衝擊。

飛機的車輪煞車器，是一個和輪胎一起旋轉的圓盤（disk）。這個圓盤被柔軟的材料包覆著，用來降低摩擦力，稱為碟煞（disc brake）。但是它和腳踏車不一樣，不只有一片碟煞，飛機為了有更高的煞車效果所以有好幾片。再加上防滑和防止輪胎鎖死的自動煞車控制裝置（anti-skid），讓飛行員即便全力踩下踏板也能夠得到最佳的煞車效果。此外，若煞車在持續運作的狀態下著陸可能會爆胎，所以在自動煞車裝置裡還有著陸防護機能（touchdown protection），當飛機接觸到地面時，若感應不到輪胎旋轉的反應，就不會煞車。

飛機藉由煞車作用減速後，為了後續的運作必須馬上讓跑道淨空，而在進入指引路線的方向轉換不只需要用到前輪，也會用到後輪的一部分，以便能夠更有效率的轉換方向。另外因為飛機在陸地上是呈現三輪車的狀態，所以能夠小幅度迴轉，在跑道內也能夠U型迴轉。

減震支柱與煞車

減震支柱（shock strut）
藉由機油通過狹窄的孔道（orifice）壓縮氮氣，能在著陸時減緩衝擊。

孔道　氮氣
機油
內側汽缸

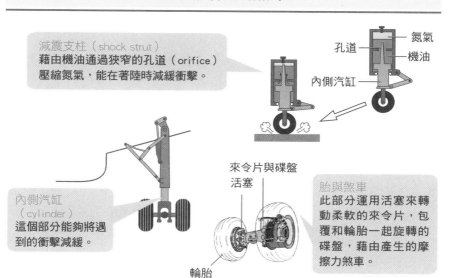

來令片與碟盤
活塞

內側汽缸
（cylinder）
這個部分能夠將遇到的衝擊減緩。

胎與煞車
此部分運用活塞來轉動柔軟的來令片，包覆和輪胎一起旋轉的碟盤，藉由產生的摩擦力煞車。

輪胎

飛機的方向盤與煞車踏板

轉向舵
（steering tiller）
飛機在跑道上前進時轉換方向用的操縱桿。

依飛行員身高不同可以用於調整方向舵位置的操縱桿。

方向舵踏板
（rudder pedals）
在陸地上時機首會往踩下的踏板那一方移動，而踩在踏板上半部就會煞車。

自動煞車按鈕

3-11 在飛機起降時發揮作用的襟翼
幫助飛機進行最困難的慢速飛行

　　當飛機離開出發大廳朝向跑道開始前進時，馬上就會從地板傳來機械聲。此時從乘客坐位的窗口可以看到主翼的後方出現一些往下垂掛著的小機翼，那些就是飛機的襟翼。接著，在快接近目的地、機內廣播「本機即將降落」時，會再一次聽到從地板傳來的聲響。這時往窗外仔細看，飛機在降落時打開的襟翼還比起飛時多。這是為什麼呢？鳥類在展翅準備起飛和降落時，雖然一樣都會張開翅膀，但是明顯地可以發現在降落時翅膀展開的幅度比較大。這是因為翅膀展開的幅度越大，對空氣的阻力也就越大，因此牠們才會像這樣盡可能地放慢速度降落，藉以減少衝擊力。

　　另外，由於飛機主要是設計作為高速飛行的運輸工具，所以對慢速飛行並不拿手。但是在起飛前和降落時，又不得不特別放慢速度。這是因為起飛和降落的速度越慢，所需要的跑道長度才會越短。另一方面，對起落架裝置的強度來說，也一樣是速度越慢對衝擊越小。但因為升力和速度平方成正比，所以一旦飛機減速，升力也會隨之下降，因此只有在非減速不可的起飛時刻，還要想辦法增加升力。

　　就像之前說明過的一樣，所謂的升力是藉由機翼扭曲空氣得到的空氣的反作用力。由此可知，為了增加升力，只要加大空氣扭曲的程度就可以了。而以飛機來說，負責這項工作的就是襟翼。只是，如果只是增大扭曲的程度，空氣只會更加紊亂而什麼都做不成。因此一定要在機翼前後打開一點縫隙，藉此從下方將空氣引導上來，才能讓空氣平順地流過機翼上方。

什麼是襟翼？

波音777的襟翼

內側後緣襟翼
可兩段式變化，每個襟翼之間都有縫隙。

前緣襟翼
和主翼之間的連接有縫隙。

縫翼（slat）
由於機翼前緣有縫隙，空氣的流動比較順暢，所以能夠增大面向空氣飛機的姿態，也就是迎風面角度的度數。

外側後緣襟翼
只有一段變化，和主翼之間也有縫隙。

鳥類在降落和起飛時都會張大翅膀，張開翅膀間的縫隙讓空氣的流動順暢以增加升力。而襟翼和鳥類的翅膀一樣：
・增加機翼面積
・加大機翼的彎曲程度
・讓迎面角的度數增加
這就是讓飛機即使在慢速的情況下也能增加升力的高升力裝置。例如波音777在起飛時升力能增加到原本的1.6倍。

起飛和降落時各有不同的襟翼角度

襟翼操縱桿上拉位置

和巡航時同樣以高速飛行時。

起飛使用範圍

襟翼操縱桿起飛位置（15°）

在慢速飛行時需要增大升力起飛時。

降落使用範圍

襟翼操縱桿降落位置（30°）

在慢速飛行時同時需要較大的升力和阻力降落時。

3-12 用油壓裝置遠端操控舵面的方式

包含故障備用裝置總共分散在3個系統當中

在飛機還只能用很慢的速度在低空飛行的時代，只要動動操縱桿，和導線（金屬製的鋼線）直接連接的舵面就會動作，當時是用這樣的方式運作。但是在降落時要使用車輪煞車只靠人力是不夠的，所以從當時起就已經開始倚賴像現在的油壓裝置一樣的機械力量來幫助飛機降落。等到飛機進入高速飛行時代以後，連舵面控制都無法只靠人力運作，就連操縱系統也開始使用油壓裝置，此後這些系統就一直發展到現在。

所謂的油壓裝置，是利用帕斯卡原理，也就是在密閉容器中只要增加液體內部其中一點的壓力，這個壓力就會傳遞到全部的液體，簡單來說就是利用油（機油）來傳達力量的裝置。而此裝置是利用馬達對機油施加壓力，接著這股力量會往導管傳送，使致動器（驅動裝置；actuator）和油壓馬達（hydraulic motor）產生作用，控制位於各機翼的舵面和起落架等裝置。另外也有利用引擎、電力、壓縮空氣、風壓來驅動的馬達。其油壓力一般大約是210kg/cm^2（3,000psi：磅/平方英寸），但是由於導管的強度和對於液體外漏設計的耐壓技術不斷發達，甚至也有的飛機擁有大約350kg/cm^2（5,000psi）油壓力。

考量到油壓裝置液體可能外洩等狀況，導致導致系統出現故障，大部分的飛機都有獨立分開的3個系統以上的裝置。當然也有只有2個油壓裝置系統的飛機，不過它還是會有和油壓裝置沒有關係，用電力操縱的備用致動器。另外，也有不是用導線而是用電力燈號變換的方式，顯示操縱桿的動向，以及用有電力的電線控制致動器的方式操縱舵面，稱為電傳線（fly-by-wire；FBW）。

油壓裝置的原理

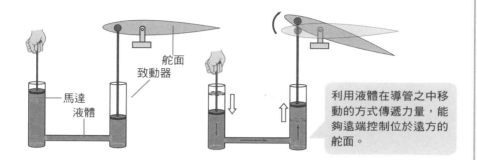

舵面
致動器

馬達
液體

利用液體在導管之中移動的方式傳遞力量,能夠遠端控制位於遠方的舵面。

實例

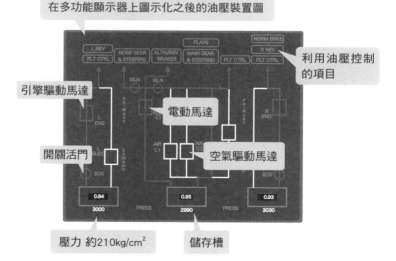

波音777
在多功能顯示器上圖示化之後的油壓裝置圖

利用油壓控制的項目

引擎驅動馬達

電動馬達

開關活門

空氣驅動馬達

壓力 約210kg/cm^2

儲存槽

獨立的3個系統的油壓裝置負責控制操縱舵面、起落架、襟翼、反向噴射引擎裝置等。用來加壓液體的馬達包含引擎驅動馬達、電動馬達、空氣驅動馬達,以及緊急時刻使用的RAT(衝壓式渦輪機;Ram-air turbine)。

3-13 冷氣與加壓之間的關係
利用排出的空氣量控制氣壓

　　從汽車空調系統排出的冷氣，是利用冷卻劑氣化時會將周圍空氣冷卻的方式產生冷氣，稱之為「蒸汽循環」。相對於此，飛機使用的是不需要冷卻劑的空氣循環方式來產生冷氣。所謂空氣循環是利用從引擎排放出的空氣（當然是燃燒之前的乾淨空氣），在壓縮過後迅速讓它膨脹使溫度下降的原理，這個現象稱為「斷熱膨脹」。

　　而經過斷熱膨脹之後的冷氣和被引擎壓縮變熱的空氣混合後，就會形成最適合的溫度再傳送到客艙和駕駛艙，而且這樣的系統能在2～4分鐘之內就能將機艙內的空氣換過一遍。但是如果持續大量地送空氣到到機艙內，飛機就會像汽球一樣膨脹起來。因此飛機內裝設了一種被稱為減壓活門（outflow valve）的排氣孔，將空氣排出機艙外。藉由調節此減壓活門的開關，可以保持機內氣壓的穩定，也就是可以加壓。

　　但是，如果機內常保持在1氣壓的話和機外的壓力差就會變大，如此一來加在飛機上的壓力也就會變大。假設在高空10,000m的位置就只有0.26氣壓而已，但如果機艙內持續維持著1氣壓的話，機艙內外的壓力差就差了0.74氣壓（大約7.6噸/m^2），這樣的膨脹力會對飛機造成影響。因為氣壓差產生的膨脹力會在飛機飛行時不斷循環反覆產生，所以要盡可能地減少氣壓差比較好。因此，應該要將氣壓差降低到不會讓機內感到不舒服的氣壓（最大2,400m，相當於0.75氣壓）為止，這樣添加到飛機上的壓力才會減少。此外，零食包裝的袋子之所以會膨脹，是因為殘留在袋內的陸地上的1氣壓和機艙內的0.75氣壓產生了壓力差。

冷氣與加壓

冷氣配置管線
冷氣送出口

客艙地面

往客艙送出的空氣經循環後，會經由機艙地面的減壓活門排放到機艙外。能每隔2～4分鐘讓機內空氣循環換過一次。每一個人每分鐘大約可以分到0.25kg重的空氣，用量來算的話大約每分鐘有200～260公升的新鮮空氣流入艙內。

加壓範圍在前壓力和後壓力隔板之間。大約有6.0噸/m²的膨脹力在作用。

送往駕駛艙的空氣也有負責冷卻各類儀器和機器的功能。

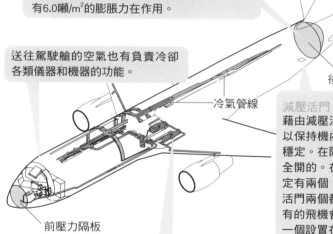

冷氣管線

前壓力隔板

後壓力隔板

減壓活門

藉由減壓活門的開關調節可以保持機內與機外氣壓的差穩定。在陸地時減壓活門是全開的。在機上減壓活門一定有兩個，有的飛機的減壓活門兩個都設置在後方，也有的飛機會把兩個減壓活門一個設置在前方，一個設置在後方。

空氣循環機（ACM）

從引擎抽出的空氣用外部空氣冷卻，接著在壓縮之後利用渦輪（turbine）讓它迅速膨脹，並同時使溫度下降的斷熱膨脹原理讓它冷卻。冷卻之後的空氣和熱空氣混合才會形成較舒適的溫度。

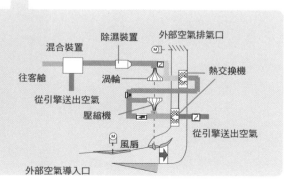

混合裝置
除濕裝置
外部空氣排氣口
往客艙
渦輪
熱交換機
從引擎送出空氣
壓縮機
從引擎送出空氣
風扇
外部空氣導入口

3-14　輔助動力系統的功能
日益重要的APU功能

　　在搭乘飛機時，你是否也發現到機上的舒適溫度、明亮燈光等等都和入境大廳並沒有太大差別？這是因為APU（Auxiliary Power Unit），也就是位於飛機最後方的輔助動力系統發揮作用的緣故。APU和主引擎一樣都是利用相同燃料產生動能的氣渦輪引擎，它負責供應飛機從出發前的準備到主引擎發動為止，機內所需的必要電力以及輸送壓縮空氣的工作。

　　雖然汽車在補給燃料時不需要電力，但是飛機卻需要。包含貨物門的開關、照明設備、機內廣播等都需要電力。當然，飛機和管制塔台之間的無線電通訊，以及在飛行前必須將飛行必備資料輸入電腦時也都需要電力。另外，冷氣所需的壓縮空氣，在引擎開始運轉之前也用得到。發動噴射引擎的方式和汽車一樣，不是用電動馬達，而是用重量又輕、又能夠產生極大力量的空氣引擎。此外，用來運作車輪煞車的油壓裝置也同樣需要電力和壓縮空氣。

　　一旦引擎啟動，所有的電力、壓縮空氣和油壓都會改由主引擎提供，所以APU的工作就會結束，也就是在飛機起飛之前往跑道準備啟動的途中，APU就會停止下來。但是如果是雙發機的飛機在長距離海面上飛行途中引擎突然故障時，只靠剩餘的引擎運轉很有可能電力不足，所以在雙發機上的APU不只有在地面上時負責輔助動力系統的工作，它也特別需要有能夠在空中供給電力和壓縮空氣的功能。因此，APU的功用一天比一天更加重要。

輔助動力系統（APU）

排氣口

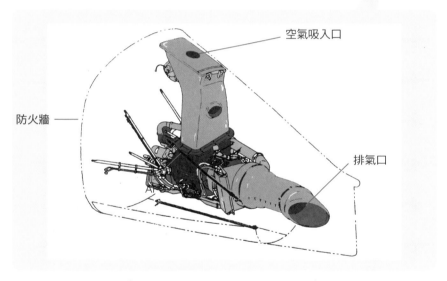

空氣吸入口

防火牆

排氣口

供給電力：
・補給燃料馬達、裝貨機、其他功能
・客艙用照明設備、其他功能
・無線電機器與電腦等飛行員室
　所需的所有電子與電力機器類
・油壓裝置用電動馬達

供給壓縮空氣：
・啟動引擎
・冷氣
・油壓裝置空氣馬達

保護飛機的各式防覆冰系統
不可小看與冰的戰爭

在所有的飛行過程中，幾乎都會遇到下雨或是必須要在雲中飛行的狀況。因此，在飛行中常會遇到的雨、雲、雪、霧等所有肉眼看得見的水分，在空中就不用說了，一旦進入低溫環境，連在地面上都有可能會讓飛機被冰覆蓋，為此飛機就需要防止機體結冰的對策。

首先，如果引擎的空氣吸入口結冰，一旦它開始結冰，冰層就會迅速擴大，因而造成流入的空氣紊亂。這不只會對引擎帶來不良影響，而且當這些冰被引擎吸入，也會破壞正在高速旋轉中的葉片。因此，為了讓飛機引擎空氣吸入口能順利在降雪時起飛，或是在雲中飛行等狀況下能順利進行，其周圍就需要設有以高熱空氣加溫的防冰系統。

而在低空以慢速在雲中飛行時，飛機也有可能受到外部的低溫空氣影響使機翼前端結冰。這不但會造成升力降低，還會因為阻力突然增加影響飛機飛行。因此會利用從飛機前端的內側吹出高溫空氣，來防止結冰。當然也有類似電熱墊的防結冰裝置，所以像是這類利用熱能來防止結冰的系統，都稱為熱防冰系統（thermal anti-icing system）。而且不論哪一種防結冰的系統，都有用來偵測結冰的感應器，藉此自動啟動防冰功能。

此外，駕駛艙的擋風玻璃一直都有電力加熱，以防止起霧。另外，當皮托管也被冰塊堵住時便無法吸入空氣，下指令的速度一定要比結冰的速度快才有辦法運作，所以通常也是一直保持用電力加溫的狀態。此外在廁所用水等其他地方的出水口，為了不讓它結冰也一直用電力加溫。

機體有防冰裝置的部分

以波音777為例

引擎的空氣吸入口

主翼前端

駕駛艙的擋風玻璃

排水口

皮托管和靜壓孔等處

引擎的空氣吸入口

主翼前端

結冰與防冰的例子

在雲或雨中飛行時

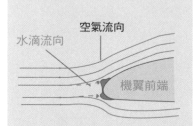

空氣流向

水滴流向

機翼前端

由於水滴比空氣重,因此不容易往上下方分散,因而容易蓄積在機翼前端。而一旦前端開始結冰,很容易就會迅速擴散。

利用引擎產生的高溫空氣之例

高溫空氣分配管線

機翼前端

藉由往機翼前端配送高溫空氣可以防止結冰的狀況。

利用電力加溫的例子

電熱墊

機翼前端

藉由控制裝置在機翼內側的電熱墊溫度強弱能夠防冰與除冰。

將空氣的力量用到極限

壓縮過的空氣有工作的能力

　　當我們放開氣球的吹嘴，氣球就會快速地飛走。這是因為氣球內受到壓縮的空氣，擁有能夠讓氣球飛行（工作）的能力，也就是壓縮過的空氣擁有動能的緣故。大家都知道我們的周圍充滿著空氣，而且又擁有「輕」（有浮力作用、沒有重量）等對飛機來說夢寐以求的性質，所以不多加利用簡直是一種浪費。更方便的是，噴射引擎是藉由壓縮空氣，並燃燒它來產生推進力。所以可以先抽出在引擎壓縮機尚未燃燒之前的乾淨空氣，讓防冰系統、冷氣、油壓馬達等部位維持在適合的溫度和壓力的狀態下。

　　此外，在啟動噴射引擎時，使用的不是像汽車一樣的電動引擎，而是用一種利用壓縮空氣運作的引擎，名為高壓壓縮空氣引擎。因此，飛機的設計是讓壓縮空氣從APU流入引擎的方式在運轉。而也有設計在當APU無法運作時，還能夠利用陸地設備產生的壓縮空氣來讓引擎發動。當然，即使已經啟動，也還是可以使用它的壓縮空氣。

　　但是，若只為了讓引擎產生推力而一味地抽出壓縮空氣，耗油量會相當可觀，所以也有的飛機只有利用引擎入口的防冰裝置的空氣。輸往冷氣和油壓裝置等機械馬達的壓縮空氣，是將從機外取入的空氣經過增壓器（supercharger）壓縮之後再運送過去。運用這樣的方式，不只能減少耗油量，還能夠因為減少從引擎傳送壓縮空氣過來的管線而讓機身輕量化，和減少維修費等優點。

壓縮空氣的管線

以波音747為例

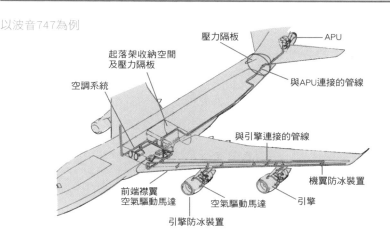

- 壓力隔板
- APU
- 起落架收納空間及壓力隔板
- 與APU連接的管線
- 空調系統
- 與引擎連接的管線
- 機翼防冰裝置
- 前端襟翼空氣驅動馬達
- 引擎
- 空氣驅動馬達
- 引擎防冰裝置

顯示壓縮空氣流向的儀器

以波音777為例

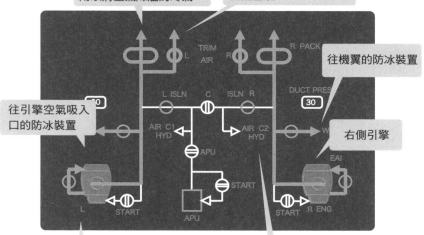

- 為傳送至調整溫度裝置，用以將空氣降溫的冷氣
- 為傳送至調整溫度裝置的熱空氣
- 往機翼的防冰裝置
- 往引擎空氣吸入口的防冰裝置
- 右側引擎
- 顯示空氣分配狀態的多功能顯示系統
- 往油壓裝置的空氣驅動馬達

3-17 輔助飛行的各種通訊設備
沒辦法通話的話就沒有用處

　　飛機在起降時，是進行航空交通管制、取得起降許可和確認高度、速度、方向指示等無線電通訊使用最頻繁的時刻。此時使用的通訊頻率帶是VHF（Very High Frequency；超高頻）。理由是因為這樣的頻率才能夠做成較小型的、感度較高、和比較安定的天線和無線電機器。只是因為收發訊息都使用相同的頻率，所以在發訊時只要按下按鈕，就能用這種PTT（Push To Talk）的方式進行通訊。因此，它並不像是平常使用電話一樣，可以邊聽邊講。

　　另一方面，在進行橫越太平洋的越洋飛行時，飛行員與管制員的對話情形不會比在機場時頻繁。因為在這個時候飛行員與管制員有很多需要固定進行的通訊，如通報位置、變更高度和速度等交換訊息等，而這樣的通訊主要是利用通訊衛星或高頻（HF）來進行，一種以交換文字資料為主的通訊方式，被稱為管制員－飛行員數據鏈通訊（CPDLC：Controller-Pilot Data Link Communication）。

　　另外，所謂飛機通信定址和報告系統（ACARS：Aircraft Communication Addressing and Reporting System）指的是一種資料通訊系統，能蒐集氣象資料以及出發時間等訊息通報給公司、同時也能夠自由地收發完稿文章的一種支援飛機航行，也有的國家將此系統作為航空管制通訊使用。由於在機上也備有影印機，所以更易於核對通訊內容。然而，飛機對內的通訊設備──內部對講機，主要是用作聯絡駕駛艙和位於陸地的維修人員以及位於客艙的服務員之用。此外，大家都很熟悉的客艙廣播，不只用於讓飛行員向乘客打招呼而已，也主要用在發生緊急狀態時通知乘客要採取防撞姿態，或是要通知乘客要做緊急逃離等安全情報上。

通訊種類

超高頻 （VHF：118MHz〜136MHz）	航空交通管制（陸上飛行） 公司內部廣播	聲音、資料通訊
高頻 （HF：2MHz〜21MHz）	航空交通管制 （越洋飛行、極地飛行、預備用）	資料通訊、聲音
通訊衛星 （SAT：Satellite Communication）	航空交通管制（越洋飛行）	資料通訊、聲音
機內對講機 （FLT：Flight、CAB：Cabin）	維修人員、客艙服務員	聲音
機內廣播 （PA：Passenger Address）	乘客、客艙服務員	聲音

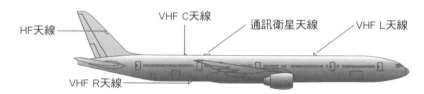

HF天線　VHF C天線　通訊衛星天線　VHF L天線　VHF R天線

ACP與ASP

音效控制面板（ACP；Audio Control Panel）

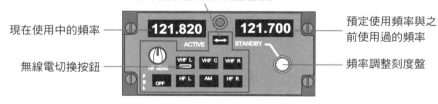

頻率顯示窗口左右切換按鈕

現在使用中的頻率

無線電切換按鈕

121.820　ACTIVE　121.700　STANDBY

預定使用頻率與之前使用過的頻率

頻率調整刻度盤

音頻振盪器（ASP；Audio Selector Panel）

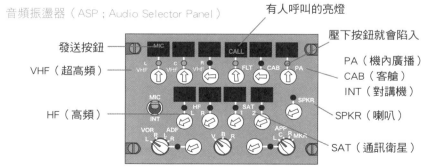

有人呼叫的亮燈

發送按鈕

VHF（超高頻）

HF（高頻）

壓下按鈕就會陷入

PA（機內廣播）
CAB（客艙）
INT（對講機）

SPKR（喇叭）

SAT（通訊衛星）

3-18 如何供給飛機所需的電力？

只要一台發電機就有20間房屋以上的電力

　　汽車的電力來自電池產生的直流電，而飛機則同時使用直流電和交流電產生電力，那是利用用來驅動引擎的交流發電機所產生的電力，供給整架飛機所需的全部電力。之所以選擇交流發電機，是因為它能夠供給飛機上所需的大量電力，而且交流發電機具有比較不占空間又能夠輕量化，也很容易就能改變電壓和頻率等等。當然飛機內部也有電池，只是不像汽車那樣頻繁地使用，而是用作緊急情況之下的備用方案。不過平常使用的直流電不是只有電池才有，平常飛機使用的直流電，是將交流電用變壓整流器整流過後產生的產物。

　　大部分的飛機都用整合驅動發電機（IDG；Integrated Drive Generator），使飛機的發電頻率能不受引擎轉速的影響維持穩定，而它只重約33kg卻有90～120kVA的發電能力，也就是說只要有一台發電機就能夠產生20間以上一般家庭所需的電力。此外，也有的飛機使用的是沒有定速驅動裝置的變頻發電機來發電。

　　但是一旦發電機故障，很可能也會對引擎產生不良影響，所以還有一個用來分開故障發電機和引擎的裝置。此外在電路管線方面，機長和副機長所使用的機械的電力分配是完全分開裝設的，如此一來便能保有機械的重複性（redundancy）。這樣的設計能夠在發電機故障時，還能用剩餘的發電機或APU的發電機供應所有的電力。不過如果連這樣的電力都不夠用時，其實位在突出飛機機體的位置，還有一個能夠藉由風壓自動轉動的風力發電機設備。並且就連從電池產生的直流電力也能利用變頻器（inverter）轉換成交流電，供給一些最主要的機械交流電力。

飛機上的發電機

 差動齒輪裝置　 交流發電機

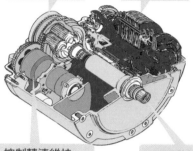

控制轉速維持一定的裝置

IDG驅動軸

IDG：Integrated Drive Generator
重量：約33kg
轉速：12,000rpm
電壓：115V
頻率：400Hz
產出電力：120kVA

這台發電機能提供20間以上的一般家庭用電量。

沒有IDG的發電機名為變頻發電機（VFG：Variable Frequency Generator）。

※基本上每個引擎都有一台發電機。

電力控制面板

電池開關

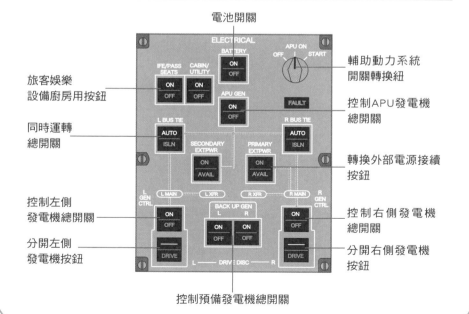

旅客娛樂設備廚房用按鈕

同時運轉總開關

控制左側發電機總開關

分開左側發電機按鈕

輔助動力系統開關轉換紐

控制APU發電機總開關

轉換外部電源接續按鈕

控制右側發電機總開關

分開右側發電機按鈕

控制預備發電機總開關

3-19 飛機的燃料槽在哪裡？
不論哪一個燃料槽都能輸送燃料

在航空界當中，燃料的單位不是以公升為計量單位，而是重量。這是因為飛機的重量會影響到起飛的速度和飛行的高度，和整體飛機的運行有很大的關係，而其中燃料的重量就幾乎占據飛機總重量的一半。例如波音777-300ER燃料裝滿大約是145噸，大約就占了飛機最大重量350噸的40％以上。

而這個燃料槽就位在機翼之中。你或許會覺得很神奇，燃料槽怎麼可能會位在機翼這麼狹窄的空間內呢？但是其實波音777的機翼面積就有430m²，機翼的平均厚度只要有1m，機翼內部就有400m³以上的空間了。於是如果將145噸的重量換算成容量約為181,000公升，也就是181m³，所以機翼內的空間可說是相當充足。另外，放置燃料槽在機翼內部還有其他好處，例如距離飛機的重心位置比較近、機翼內的燃料能夠成為飛機的「重力石」，用來緩和施加在機翼與機身連接處的壓力等優點。

但是由於即使在10,000m的高空，燃料也要能夠確實地從燃料槽傳送到引擎，所以引擎除了有燃料幫浦以外，位於燃料槽內也有名為加壓幫浦（boost pump）或供油幫浦（feed pump）的輸送用幫浦。此外，為了能夠讓所有的幫浦都能輸送燃料給所有的引擎，全部的燃料槽都有設計管線直接通往引擎。其中一條管線就叫做「交輸瓣」（cross-feed valve），是一個交叉輸送幫浦。就像在喝鋁箔包裝的飲料時，包裝很容易就會變形，但是如果除了吸管的插入口之外再多設一個孔的話，不但比較不會變形，也更容易喝到飲料。飛機燃料槽也是同樣道理，為了不讓燃料槽毀壞，並且為了傳輸燃料上的便捷，在燃料槽上一定會設有通氣口。

燃料槽為機翼的「重力石」

若機翼內什麼都沒有的話，加壓在機翼與機身間的連接點的力道就會變大。

若左右側機翼內都有燃料的話，該重量便會緩和加壓在機翼與機身間連接點的力道。

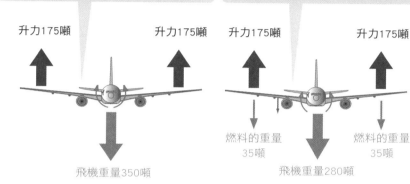

升力175噸　　升力175噸　　　升力175噸　　　　升力175噸

燃料的重量
35噸

燃料的重量
35噸

飛機重量350噸　　　　飛機重量280噸

燃料輸送系統

以波音777-300ER為例

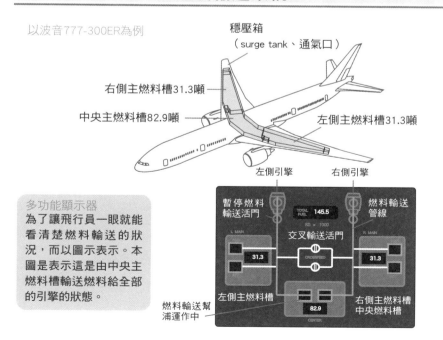

穩壓箱
（surge tank、通氣口）

右側主燃料槽31.3噸

中央主燃料槽82.9噸

左側主燃料槽31.3噸

左側引擎　　　右側引擎

多功能顯示器
為了讓飛行員一眼就能看清楚燃料輸送的狀況，而以圖示表示。本圖是表示這是由中央主燃料槽輸送燃料給全部的引擎的狀態。

暫停燃料
輸送活門

燃料輸送
管線

交叉輸送活門

燃料輸送幫
浦運作中

左側主燃料槽

右側主燃料槽
中央燃料槽

黑夜和月夜差很大！

　　黑夜裡的飛行，有著在都市中沒有辦法看見的銀河、滿天星斗、留下一瞬光輝又消失的流星，及如同絲絹窗簾般優雅地在空中搖曳的北極光等美麗風景。

　　但是若有雷雲出現在前方時，就不是能夠悠閒觀賞星空時刻了！如果要在黑夜當中避開雷雲，雖然一定要靠氣象雷達才有辦法，但是從人心的觀點出發，其實那是一個讓我們也很想親眼確認的狀況。它似乎就像可以藉由閃電讓我們看清它的全貌似地顯現在眼前，話雖如此，但出現的時間也只有在一瞬之間。另外，即使是雷達無法顯示出來的雲，也有可能會伴隨非常強烈的震動出現，要特別注意。

　　在這樣的狀況下，會特別感念月亮帶來的皎潔月光。因為月光能讓我們看清楚雲的樣貌，在看到雲時能夠比較有心理準備再轉向，也因此能體驗古時候的人們為什麼會這麼珍惜月光了。

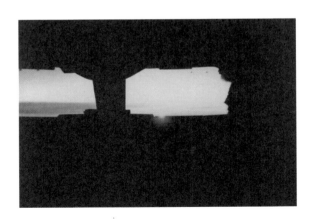

從駕駛艙的擋風玻璃看到的黎明時分。飛機的飛行員就像古時候的人類一樣，關心今夜是月夜還是黑夜，幾乎是可以在飛行員的專用筆記本裡看到記錄月亮圓缺的程度。

第4章

噴射引擎是什麼？

汽車的零件大概有3～5萬項之多，但是一個噴射引擎

卻有超過30萬項以上的零件。

這些零件很有效率地連接在一起運作，總共能產生50噸以上的力量。

在本章中，將針對噴射引擎的構造進行解說，

並實際計算它到底能產生多少力量。

4-01 何謂燃氣渦輪引擎？

一般客機較常使用渦輪扇葉引擎

　　飛機之所以能成功地在天空中飛翔，是因為人類終於放棄嘗試像鳥類一樣用拍打翅膀的方式飛行，反而是試著將往前飛行的力量和支撐身體的力量分開以後才完成的。因此可以說，就是因為放棄模仿鳥類利用拍打翅膀的方式，可以同時產生往前進的力量和升力，才能發現可以先用引擎的力量往前進，再利用機翼產生升力這樣的分工方式，因而成功完成自由自在地在天空飛翔的夢想。

　　1903年萊特兄弟的首次動力飛行，就是改良自汽車的活塞式引擎（piston engine）。從這次的首次飛行一直到1940年代後期為止，活塞式引擎都是產生前進力量的唯一方式。活塞式引擎還有個別名為「往復式引擎」（reciprocating engine），也稱為往復引擎。就如同其名稱一樣，它是一個用曲柄軸（crankshaft）將活塞式的往復運動利轉換成旋轉運動，讓螺旋槳旋轉的引擎。

　　另一方面，燃氣渦輪引擎（gas turbine engine）則是用高溫高壓的氣體吹動翅膀（稱為扇葉），讓它旋轉進而產生動力的引擎總稱。然而，包含在燃氣渦輪引擎在內的噴射引擎，則是利用將空氣和其他氣體高速往後方噴射的方式產生推力的引擎，但是根據噴射方式的不同又可分為渦輪噴射引擎（turbojet engine）和渦輪扇葉引擎（turbofan engine）。

　　而讓螺旋槳旋轉的燃氣渦輪引擎，又稱為渦輪螺旋槳引擎（turboprop engine）。當然不是全部的動能都是由螺旋槳旋轉產生，也有藉由噴射產生推力的渦輪螺旋槳。像是直升機用的渦輪軸引擎（turboshaft engine），就是將全部的動能再變換成旋轉動力的引擎。

飛機的引擎

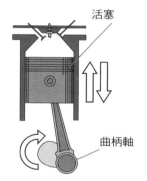

航空用引擎
├─ 活塞式引擎 ──── 汽油引擎
│   柴油引擎
│
└─ 燃氣渦輪引擎 ──── 噴射引擎 ┐ 渦輪噴射
                    渦輪扇葉引擎 ┘ 引擎
                    渦輪螺旋槳引擎
                    渦輪軸引擎
                    輔助動力系統（APU）

往復與旋轉

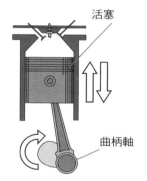

活塞

曲柄軸

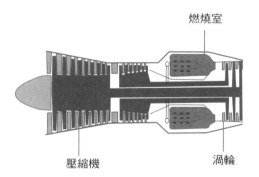

燃燒室

壓縮機　　　　渦輪

活塞式引擎
別名往復式引擎，通稱「往復引擎」。就如同名稱一樣，它是一個將活塞的往復運動，轉換成讓螺旋槳旋轉的引擎。分成以汽油為燃料的汽油引擎和以柴油為燃料的柴油引擎。

燃氣渦輪引擎
這是利用高溫、高壓氣體，驅動渦輪獲得轉動動能的引擎。將排氣轉換成推進力的引擎稱為渦輪噴射引擎或渦輪扇葉引擎，轉動螺旋槳的引擎稱為渦輪螺旋槳引擎，而直升機用的是渦輪軸引擎。另外雖然輔助動力裝置（APU）不是用來往前推進用的機器，但也是燃氣渦輪引擎的一分子。而Turbo就是「Turbine」的意思。

噴射引擎的登場

活塞式引擎VS.噴射引擎

自從1903年人類首次以動力進行飛行以來，活塞式引擎就一直是最主要的引擎。但是在首次飛行後，經過半世紀左右的1960年代起，裝置著噴射引擎（一種活塞式引擎）的客機，就取代了活塞式引擎的位置成為主要的引擎。這是因為對飛行速度的要求日益增高，為了配合越來越快的速度，活塞式引擎太大又太重就成了棘手的問題。此外因為螺旋槳也是在超過一定的旋轉速度之後便會產生震波，因此會導致飛行效能急驟惡化，所以在飛行速度上有一定的限度。

於是，人們便不得不開始尋找可以取代螺旋槳產生推進力的替代方案。而承接這項重要工作的就是噴射引擎了。雖然早在人類首次動力飛行成功的1903年以前，關於噴射引擎的運作原理就已經為人所知，但是從歷史來看，噴射引擎正式開始廣為應用是進入1930年代時，由英國人克蘭客・惠特尼提出噴射引擎的專利申請開始。此後，在不到30年間就已經可以在空中找到噴射客機的蹤影，所以或許也可以說飛機演化的速度幾乎和音速並駕齊驅呢！

噴射引擎最大的特徵就是體積小、重量輕、又能產生強大的動能。然而，由於噴射引擎所使用的是滾動元件軸承（rolling element bearing），所以不需要事先暖機運轉，加上震動少、消耗潤滑油的量也少，也不需要將往復運作的方式轉換成旋轉動作所需的複雜裝備，更重要的是噴射引擎還有對於飛行員來說操作簡易的優點。此外，除了它的噪音較大以外，因為它擁有最符合飛機所需，又輕又小又有力的性質，所以除了小型螺旋槳飛機以外，這種屬於燃氣渦輪引擎一種的渦輪螺旋槳引擎，就成了主流的引擎。

往復式引擎之例

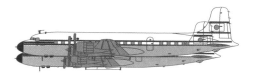

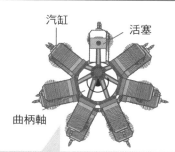

汽缸

活塞

曲柄軸

DC-6B：
1950年代日本首架國際線主力機種
續航距離：4,830km
巡航速度：450km/時
活塞式引擎：
Pratt & Whitney（普惠公司）R-2800
馬力：2,500Hp

放射狀配置之引擎之例
R-2800中以放射狀的方式設置了兩排共18個的汽缸。由於這種放射狀的排列方式也稱為星形排列裝置，所以又稱為星形18氣筒引擎。

噴射引擎之例

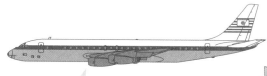

DC-8系列：
1960年代俗稱「天空貴婦」的主力噴射引擎
巡航速度：850km/時
DC-8-32渦輪噴射引擎：
Pratt & Whitney JT4A-11
推力：7,930kg
續航距離：7,240km
DC-8-62渦輪扇葉引擎
Pratt & Whitney JT3D-7
推力：8,610kg
續航距離：8,850km

JT4A：渦輪噴射
客機用首座正統噴射引擎

扇葉

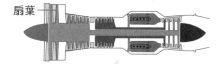

JT3D：渦輪扇葉
推力增強，續航距離也拉長。

噴射引擎的推力是什麼？
發揮動力的方法

　　噴射引擎的原理和氣球一樣，都是用將空氣往後方噴射產生反作用力的方式得到往前進的力量。而這種往前進的力量稱為「推力」。接下來就讓我們來思考看看，要如何才能算出推力的大小。為此，首先必須要使用一種稱做運動量的物理道具。

　　例如，我們可以發現業餘棒球投手和職業棒球投手投出的球進入捕手手套時的氣勢（空氣氣流）雖然有所差異，但是當業餘投手投擲鐵球時，會比職業投手投擲普通棒球還要更有氣勢。在這種情況下球速的氣勢，正確來說應該是球的運動量可以用以下公式來表示：

（運動量）＝（質量）×（速度）

　　而噴射引擎也是一樣，飛機的飛行氣勢可以由它用多快的速度噴出了多少空氣的量來決定。並且只要它還持續地噴出空氣，飛機的飛行氣勢就會持續下去。簡言之，在一定的時間內變化之空氣的運動量會產生力量，也就是：

（推力）＝（每個單位時間內空氣的質量）×（空氣噴出速度）

但是這個算式只適用於在空氣噴出量穩定時。當飛機在飛行時，因為吸入空氣的速度等同於飛行的速度，而如果飛機噴出空氣的速度比飛行速度還要慢，就無法對空氣產生反作用力往前進，所以便無法產生推力。因此，為了有效地產生動力，噴出空氣的速度一定要大於飛機飛行的速度，也就是說：

（推力）＝（每個單位時間內空氣的質量）×（空氣噴出速度－飛機飛行速度）

什麼是推力

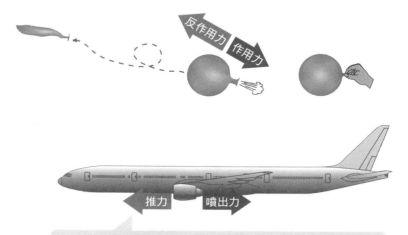

推力：可由它用多快的速度噴出多少的空氣得知推力大小

飛機飛行速度與空氣噴出速度的關係

$$（推力）＝\frac{（吸入的空氣質量）}{（單位時間）}×（空氣噴出速度－飛機飛行速度）$$

※飛行速度＝空氣流入的速度

空氣噴出速度＞空氣流入速度，也就是說由噴出造成的空氣運動量，一定要大於空氣進入引擎之前的運動量，否則無法產生足夠力量的空氣氣流，造成引擎無法產生動能。

4-04 能有效率地產生動能的方法是？

分配工作項目再以流水作業方式進行

　　氣球之所以能夠噴射出空氣，是因為氣球內部的空氣壓力比外部高的緣故，就和強風都是從高氣壓往低氣壓吹襲是一樣的道理。因此在這裡，我們知道壓縮空氣就代表工作的能力，也就是指壓縮空氣能夠獲得能量。但是不論壓縮空氣能夠得到多少能量，一旦能量用完，氣球就無法在空中繼續飛行。於是為了能夠持續飛行，需要的不是貯存空氣的方法，而是能夠連續吸入空氣，並持續噴出的方法。

　　這項方法，可以利用熱能來實現，也就是利用擁有潛在熱能的燃料和壓縮空氣的能量所產生的加乘效果。但是這項方式和讓所有的工作都在汽缸內完成的活塞式引擎不同，而是在同樣的轉軸上裝上有好幾個葉片的壓縮機、燃燒室、渦輪、排氣管線等裝置，用流水作業的方式各自進行負責的工作項目。其產生推力的工作流程為：首先，將吸入的空氣壓縮之後加熱增加能量，接著再吹往渦輪使壓縮機運轉的同時，排出氣體以獲得推力。

　　其中，壓縮機又分為低壓壓縮機和高壓壓縮機，藉由各自獨立運轉，可以更有效率地進行壓縮工作。並且，隨著空氣被壓縮，空氣前進的管道也會越來越狹窄。只有在壓縮過的空氣要被送入燃燒室之前，管路才會稍為擴大一些，以配合空氣燃燒的速度。另外，在燃燒室當中所有的燃料會混合在一起燃燒，不過只要在開始運作前點火一次，接下來這些燃料就會持續燃燒下去。接著，只要利用高溫高壓的氣體膨脹時所產生的能量讓渦輪轉動，並縮小排氣孔的出口，就能夠增加氣體放出的速度能量。

噴射引擎的各部位名稱

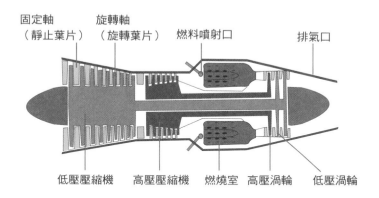

固定軸（靜止葉片）　旋轉軸（旋轉葉片）　燃料噴射口　排氣口

低壓壓縮機　高壓壓縮機　燃燒室　高壓渦輪　低壓渦輪

噴射引擎的流水作業

為配合空氣燃燒的速度所以空氣通道稍微擴大。

壓縮空氣也有讓燃燒室溫度降低的功能。

利用高溫高壓氣體膨脹時所產生的能量轉動渦輪。

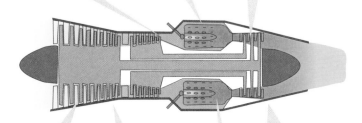

流入的空氣會在通過靜止葉片時減速並增高壓力，接著在通過旋轉葉片時恢復速度，並重複著將空氣送到靜止葉片的過程以增高空氣壓力。

隨著空氣不斷被壓縮往前推送的過程，將空氣往前送的通道也會越狹窄。

利用將出口縮小的方式能夠增加噴出的速度能量。

火星塞只有在點火時使用，其後空氣會持續燃燒。

4-05 逐漸成為主流的渦輪扇葉引擎
從速度、效率與噪音的觀點採用合適的引擎

　　一直以來，人們對飛機有各種要求，從增加搭載人數、加快飛行速度到增加飛行距離，而一直到噴射引擎出現後，才終於跨越了音速的障礙。但是，不是飛行速度越快就可以飛得越遠。因為不論希望飛機能飛到多遠的地方，只要在飛機上累積大量燃料，飛機就會增加重量。就算減少乘客數和搭載的貨運量，耗油率也會升高，最後還是無法增加飛行的距離。這是因為原本飛機在以音速以上的速度飛行時，就像在2-06解釋過的，此時飛機除了聲音和耗油率以外，還會有相當多的障礙須要克服。因此，客機大部分都是用80％的音速（0.8馬赫）飛行。

　　為了增加飛機的乘客承載量需要強大推力，而不是較大的聲音。而推力的大小如4-03所述，可以由飛機用多快的速度噴出多少的空氣量得知。如欲用超越音速以上的速度飛行，飛機就必須以超越音速的速度噴出空氣才有辦法產生足夠的推力。但實際上飛機是以0.8馬赫左右的速度在飛行，所以即使過度地加快噴出空氣的速度，不但飛行的效率不好、噪音也會很大。因此，還有另外一個增加推力的方法，也就是增加空氣噴出的量以增加推力。這才是最能符合飛行速度、效率又好的飛行方式。而能夠成功達到增加空氣噴出量的引擎，就是機體上裝置著名為扇葉的渦輪扇葉引擎。

　　早期的渦輪扇葉起飛時還會發出「叭哩叭哩叭哩」的龐大聲響，現在則只會在起飛時發出類似螺旋槳飛機的「唰──」聲，噪音也降低了。這是因為通過扇葉的空氣增加，也就是「旁通比」（bypass ratio）變大的緣故。

旁通比

$$旁通比 = \frac{通過扇葉的空氣量}{進入引擎內的空氣量}$$

Pratt & Whitney JT8D引擎

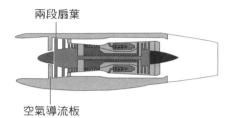

兩段扇葉

空氣導流板

波音727、737（初期）

JT8D-9規格
推力：約6.4噸
旁通比：1.1
扇葉直徑：約1.0m

General Electric（奇異公司）CF6引擎

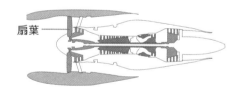

扇葉

波音747、767、MD-11、
空中巴士300、310、330

CF6-50E2規格
推力：約23.8噸
旁通比：4.3
扇葉直徑：約2.2m

Pratt & Whitney PW4000引擎

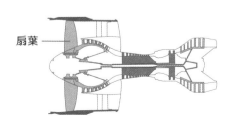

扇葉

波音747、767、777、
空中巴士300、310、330

PW4080規格
推力：約36.2噸
旁通比：6.4
扇葉直徑：約2.8m

扇葉的功用是？

扇葉會引導多少空氣通過呢？

　　渦輪扇葉引擎的特徵是有一個大型的風扇葉片，俗稱扇葉的裝置。從引擎的空氣入口處就可以看見扇葉的直徑超過3m的引擎。因此，該引擎的體型非常龐大，不過因為飛機本身也可以讓體型加大，所以這種大型扇葉也是有可能裝置在飛機上的。此外，扇葉的數目，並不像螺旋槳飛機一樣只有幾片而已，而是有20～40片，並且由一層外形像啤酒桶的引擎艙（engine nacelle）包覆著。

　　大部分的風扇葉片使用的是鈦合金材質，不過也有一些引擎是由合成樹脂及合成纖維等高強度複合材質製成。這些使用複合材質製成引擎的扇葉，為了讓它順利轉動而設計有後掠角的和緩曲線。此外，由於葉片弧度較大，因此沒有設計一種名為蓋板（shroud），能讓扇葉互相支撐的板子在上面。

　　另外，用來表示不直接進入引擎，而藉由風扇引導到旁路的空氣量稱為「旁通比」。引擎旁通比越大越能用較少的空氣和燃料獲得能量，所以可以說是效率越高的引擎。例如旁通比7.0的引擎會將吸入的87.5％的空氣通過，讓12.5％的空氣進入引擎內部。也就是說，它只需要12.5％的空氣就能夠獲得足夠的力量。如果起飛時吸入的空氣量為每秒11,430公升（相當於22,860瓶500毫升的寶特瓶），從扇葉噴出的空氣量大約是10,000公升，而從渦輪噴出的量則是1,430公升。

扇葉的形狀與材質

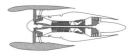

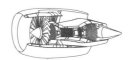

CF6-80A引擎的風扇
- 共38片風扇葉片名為蓋板的的支撐板
- 葉片之間利用蓋板互相支撐
- 材質為鈦合金

GE90-115B 引擎的風扇
- 共22片風扇葉片
- 為提升旋轉效率，葉片外型設計了後掠角
- 風扇弧度較大因此沒有支撐板
- 材質多為合成樹脂或合成纖維之類的高強度複合材料，前端用鈦合金包覆

有多少空氣會被風扇帶離引擎呢？

旁通比：7.0

風扇噴出量：87.5%
渦輪噴出量：12.5%

起飛時在1秒之中吸入的空氣量
11,430公升/秒
（等於22,860瓶500毫升的寶特瓶）

風扇噴出量：
10,000公升/秒

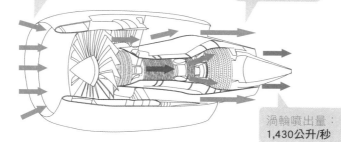

渦輪噴出量：
1,430公升/秒

扇葉的轉動數大概是多少？

各種利於扇葉旋轉的辦法

當螺旋槳飛機的飛行速度過快，螺旋槳前端旋轉的速度就會超越音速，導致旋轉效率變差。不過，就算是噴射引擎也有可能因為風扇高速運轉而使旋轉效率變差，但是仍有方法能夠改善這個狀況，因為噴射引擎的扇葉畢竟和外露的螺旋槳不同，它的扇葉被外型類似啤酒桶的外殼包覆著。這個外殼的空氣導入口處稱為「擴散器外罩」（diffuser nacelle）。空氣的入口比較狹窄，是因為如果突然把速度比音速慢的空氣吸入，並將它導入較為寬闊的空間時，會使飛機減速。因此若把入口縮小，就能讓空氣在到達扇葉時，在不影響飛行速度的情況下適度地減速，以穩定風扇的轉動效率。

接下來，就是將旋轉速度較慢的風扇，和在進行壓縮過程中就需要旋轉的內部壓縮機分開。為此，我們必須在氣體燃燒過後的噴射口附近，設置能使高壓壓縮機旋轉的渦輪，並在其螺旋槳形成的滑流處，裝設能使風扇與低壓壓縮機旋轉的渦輪，雙方並非只是呆板地連接在一起。

早期渦輪風扇扇葉的旋轉數，連小型風扇每分鐘都能旋轉8,600次，但是隨著引擎的推力加大，風扇的旋轉次數也逐漸減緩，甚至也有每分鐘只旋轉2,600次的低速旋轉引擎。這是因為風扇的直徑越大，風扇葉片的本身的強度和效率就會成為旋轉次數的變數。順帶一提，高壓壓縮機的旋轉次數則和早期的引擎差別不大，大約是11,000次左右。此外，F1賽車的引擎最大轉速據說是每分鐘19,000次。

空氣導入口的設計

在音速以下的空氣性質
空間擴大便會減速

在超音速狀況下的空氣性質
空間擴大便會加速

次音速 ➡ 減速
壓力增加

超音速 ➡ 加速
壓力減小

0.5馬赫（一進入引擎就會減速）

擴散器外罩
由於空氣導入口的內部空間擴大，所以即使飛機以高速飛行進入引擎的空氣也會減速，緩和成最適當的速度。

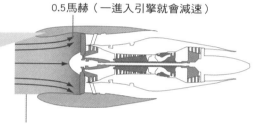

0.8馬赫

引擎的轉速

JT8D引擎
風扇：**最大8,600rpm**
高壓壓縮機：**最大12,250rpm**

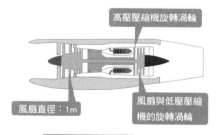

高壓壓縮機旋轉渦輪

風扇直徑：1m

風扇與低壓壓縮機的旋轉渦輪

GE90-115B引擎
風扇：**最大2,600rpm**
高壓壓縮機：**最大11,290rpm**

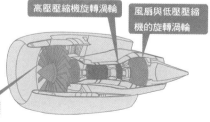

高壓壓縮機旋轉渦輪

風扇與低壓壓縮機的旋轉渦輪

風扇直徑：3.25m

※rpm：旋轉次數/分

引擎的動力產量為何？

淨推力與總推力

　　推力的大小取決於噴出空氣的質量與速度，當飛機正在飛行時的推力算式為：

（推力）＝（固定時間內的空氣質量）×（噴出速度－飛行速度）

　　這個推力代表飛機為飛行所需的有效推力，因此又稱為「淨推力」（net thrust）。而相對於淨推力，比較誇大的講法是另一種登記在型錄上的推力稱為「總推力」（gross thrust）。當飛行速度是零時，也就是當飛機靜止不動時，淨推力和總推力應是等值的。順便一提，這種說法和在算高爾夫球的總桿數時，扣除差點（handicap）之後的所得的淨桿數（net），實際桿數則稱為總桿數（gross）的說法類似。

　　那麼，接下來就來試算看看，當飛機起飛時所需的總推力，也就是最大起飛推力吧！以早期的渦輪風扇引擎JT8D來講，此時飛機吸入的空氣量大約是140kg/秒，而GE90-115B引擎則是它的10倍，大約是1,400kg/秒。但是因為GE90-115B引擎的旁通比是7.0，所以其風扇吸入的空氣大約是1,225kg/秒，進入引擎內部的空氣大約只有175kg/秒，其實和早期的引擎並沒有太大的差別。於是，從這些空氣量可以算出總推力大約會是52.5噸。詳細的算法是因為風扇產生的推力是45噸，而由渦輪產生的推力是7.5噸，所以由此可以得知總推力之中，大約有85％的推力是由風扇產生。就像這樣，旁通比越大的引擎，由風扇產生的推力比例就越高。而且通過風扇的空氣會包覆渦輪噴出空氣時產生的噪音，大幅降低引擎整體產生的噪音。

引擎能產出多大的動力？

$$旁通比：7.0 = \frac{流入風扇的空氣：1,225kg}{流入引擎內部的空氣：175kg}$$

被吸入的空氣重量：
1,400kg/秒

風扇噴出的空氣：1,225kg/秒
噴出速度：360m/秒（時速1,296km）

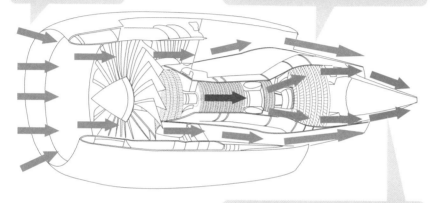

渦輪噴出的氣體：175kg/秒
噴出速度：420m/秒（時速1,512km）

因為　（推力）＝（被噴出的空氣質量）×（噴出速度）
　　（空氣重量）＝（空氣質量）×（重力加速度）
所以表示推力大小的算式如下：

$$（推力）= \frac{（被噴出的空氣重量）}{（重力加速度）}×（噴出速度）$$

$$（風扇產生的推力）= \frac{1,225kg/秒}{9.8\ m/秒}×360m/秒$$

$$=45,000kg$$

$$（渦輪產生的推力）= \frac{175kg/秒}{9.8m/秒^2}×420m/秒$$

$$=7,500kg$$

（推力）＝（風扇產生的推力）＋（渦輪產生的推力）
＝45,000＋7,500＝52,500kg（52.5噸）

用手操控的飛機加速器
使用位於駕駛座中央的推力操縱桿

　　我們都知道汽車的加速器就在腳的附近，而飛機的加速器為方便駕駛座左右兩側的人員操作，就設置在駕駛座中央座台上。由於這是用來調節推力（thrust）的操縱桿，所以稱為「推力操縱桿」（thrust lever）。另外，操縱桿和汽車加速器不同，不會在加壓過後又恢復到原本的位置。此外，燃料的總開關稱為「燃油控制鈕」，亦或是「引擎總電門」（engine master switch）。各個引擎都有其操縱桿和控制鈕，這是因為，如此一來就不用一次就啟動全部的引擎。此外，發生故障時才能夠減少故障引擎的出力或是在最糟糕的情況下能夠停止運作。

　　操縱桿的動向就如同操縱裝置中的飛行控制系統一樣，會轉換成燈號表示，這都是藉由電線、電力來操控引擎的主流控制方式。當然也有的飛機是利用金屬製成的電纜來傳達操縱桿的動向，而由於用這種方式表示的飛機，能夠藉由電纜直接將引擎異常時的震動傳達到操縱桿上，所以比較有直接和引擎連結在一起的實際感受。

　　另外，燃油控制鈕則是用以控制輸送燃料管線的總電源開關。從引擎啟動時轉到RUN（運轉位置）起，一直到到達目的地為止，其實並不是一個會頻繁使用到的裝置，因此，它的操縱方式設計成不是簡單一碰就能切換開關的模式。此外，反向槓桿（reverse lever）則是在停止降落或起飛時，利用讓引擎反向噴射幫助飛機減速的裝置。

噴射引擎加速器

以波音777為例

推力操縱桿
當飛機往前進時出力就會加大，即使手離開操縱桿也不會像汽車的加速踏板一樣返回原位，會停在原本前進的位置。

為方便左右兩方駕駛操作控制引擎和燃油控制鈕，設置於中央台座上。

燃油控制鈕
將此扭轉到RUN的位置時，將燃料送往引擎的活門就會打開。

保護按鈕的防護板

反向槳桿
將操縱桿往上拉，便會啟動反向噴射裝置。

從推力操縱桿到引擎

以波音767為例

由於操縱桿和引擎皆以電纜線機械式連接在一起，因此引擎產生的震動也會傳導到操縱桿上。

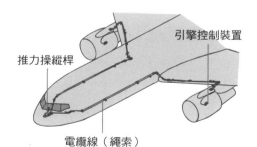

引擎控制裝置

推力操縱桿

電纜線（繩索）

不過目前主流的引擎控制方式，不是利用電纜線（金屬製的纜線）而是用電線藉由燈號變化的方式，來顯示操縱桿目前的位置。這種將操縱桿的動向利用燈號變換，而非使用電纜傳導的方式，就和控制舵面的線控飛行（fly by wire）裝置是一樣的。

4-10　如何增加輸出功率？

以電腦操縱的方式為主流

　　若將推力操縱桿往前推進，送往燃料室的燃料量便會增加使飛機推力加大，但這絕不只是增加燃料就能增加推力這麼簡單。即便增加了，擁有大型扇葉的渦輪也不會突然脫離慣性定律加速旋轉，最後導致通過壓縮機內的空氣氣流混亂，引起壓縮機失速（stall）。當壓縮機失速時，不但會發出「咚」的巨大聲響，同時也會引起震動，甚至也有可能會導致壓縮機內的葉片四散、產生異常燃燒。只要稍微有一點異常燃燒的狀況發生，渦輪的葉片就可能會因為熱和旋轉產生的壓力而變形。

　　反之，即使我們拉起推力操縱桿以減少燃料的運送量，也無法快速地讓高速運轉中的風扇減速。而於此同時，由於流入的空氣量燃料的量又太少，也有可能會導致燃燒室內所必須的連續燃燒火燄熄滅。除此之外，飛行員也必須要考慮到高空中的氣壓不足地面氣壓的20％，溫度又不到-60℃，必須配合飛行速度變化，思考空氣和燃料的比例。但是如果飛行員必須一邊注意這些事項，還要一邊操縱操縱桿，就沒有辦法自在地在天上飛行。於是，此時登場的就是燃油控制裝置，能夠自動從操縱桿的位置、壓力、溫度、旋轉數、飛行速度等資料，計算出能夠維持穩定飛行所需最適切燃料流量。早期這一種名為FCU的系統會機械式地算出全部的燃料流量，現在的主流則是名為EEC的電腦引擎控制裝置。

燃油控制系統的機械結構

以JT8D的引擎為例

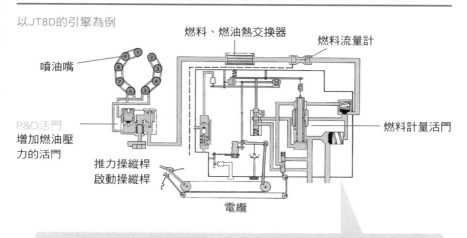

噴油嘴

P&D活門
增加燃油壓
力的活門

推力操縱桿
啟動操縱桿

電纜

燃料、燃油熱交換器

燃料流量計

燃料計量活門

燃油控制裝置 FCU：Fuel Control Unit
這是一個全部以機械式（模擬）的方式，算出燃料流量的裝置，構造非常複雜。

從油槽到引擎

以GE90-115B引擎為例

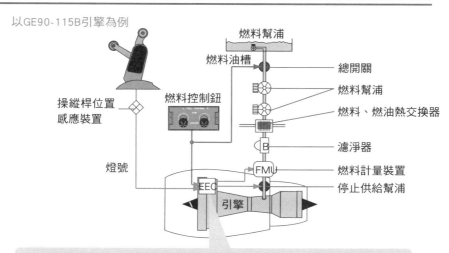

燃料幫浦

燃料油槽

操縱桿位置
感應裝置

燃料控制鈕

燈號

EEC

引擎

總開關

燃料幫浦

燃料、燃油熱交換器

濾淨器

FMU 燃料計量裝置

停止供給幫浦

電子引擎控制裝置 EEC：Electronic Engine Control
不只控制燃料流量，也控制引擎的全部狀況。

4-11 什麼是引擎的反向噴射？

能改變空氣的流向

從飛機降落的瞬間輪胎冒出白煙，就可以知道飛機產生的能量有多大。不過在飛機降落以後，為了要將這股龐大的能量消弭，飛機就必須在有限的跑道中設法停止繼續前進。因此，飛機和汽車不同，不是光靠煞車就能夠完全停止。

首先，在飛機接觸到地面的同時，主翼上方就會立起好幾片減速板（speed brake）。它的功用是為了不讓飛機產生升力並藉由將機身重量轉至輪胎承受，提升車輪的煞車效能。就像減速板的另外一個名稱——擾流版（spoiler，含有不白白浪費升力的意思）的字面意義一樣，若等到飛機速度都變慢了以後才升起擾流版，就沒有什麼意義了，所以它幾乎是在飛機一接觸地面時就開始作用。

接著我們會聽到一聲像是引擎提高轉速的聲響，其實這是引擎正在進行反向噴射所發出的聲音。雖然說是反向噴射，但並不是讓引擎逆向旋轉，讓空氣從空氣吸入口噴射出去。而是用一種用來遮擋氣流的擋板，名為折流門（blocker door），使噴射的氣流往斜前方轉向。此時，若只有減速板和煞車朝著讓飛機停止的方向運作，但引擎卻仍在出力往前進，飛機還是不會停止。於是，此時就需要改變引擎噴射的方向才能提高制動效果。這樣的反向噴射裝置稱為「推力反向器」（thrust reversal），它的最大優點是因為不像輪胎一樣直接接觸在跑道上，所以不論跑道狀態如何都能夠有效產生作用。假設在冰上這種煞車幾乎發揮不了效用的地方，反向器的效果仍然不會改變。

只有陸地能夠進行反向噴射

由於反向噴射只有在陸地上進行才有效，因此每架飛機都有用來感應目前位於空中還是陸地的感應器裝置，藉由感測輪胎的傾斜角度來判斷目前位於空中或地面。

在陸地上時輪胎的角度是水平方向

在空中時輪胎角度是傾斜的

反向操縱桿
（反向噴射操縱桿）
反向操縱桿一定要在陸地上推力操縱桿於最小位置時才會產生作用，根據操縱桿的移動位置不同反向噴射的力道大小也不同。

推力操縱桿（推進操縱桿）
當飛行員在操縱反向操縱桿的時後，推力操縱桿是沒有辦法運作的。

反向噴射的流程

以CF6引擎為例

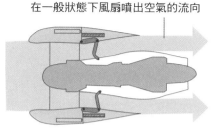

在一般狀態下風扇噴出空氣的流向

在反向噴射的狀態下風扇噴出空氣的流向

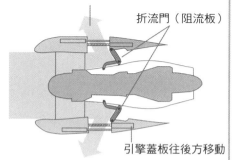

折流門（阻流板）

引擎蓋板往後方移動

因為推進力是80%的風扇推力加上20%的渦輪推力，所以風扇本身的反向噴射就成了風扇反向器。由逆向噴射產生的朝向後方的力道大小，大約是最大推力的40%。

噴射引擎的飛行儀器有哪些？
代表性的儀器為溫度計和轉速表

　　噴射引擎的壓縮機、燃燒室和渦輪，都有自己專門負責的工作。因此，機內某些地方就會因為像是渦輪等機械運作，而形成一些必須時常受到高溫、高壓的氣體吹襲，又要持續高速運轉的嚴苛工作環境。如此一來，如果不好好監視這些經常被渦輪吹襲的氣體溫度，不但有可能使渦輪變形，最壞的情況很可能還會造成渦輪壞損。但是，由於渦輪入口處的溫度超過1,300℃以上，所以根本沒有能長時間忍耐如此高溫的溫度計。於是便設置了一個排氣溫度計（EGT；Exhaust Gas Temperature），來測量高壓和低壓渦輪間的溫度，成為機上最重要的引擎儀器，並且嚴格限制著從啟動引擎到停止的溫度數值。

　　接下來是轉速表。航空界習慣用N來表示轉速的記號，在有兩個壓縮機的引擎當中，包含有風扇在內的低壓壓縮機的N1表和高壓壓縮機的N2表。而有三個壓縮機的引擎則從低壓到高壓的壓縮機分別是N1、N2、N3表。而它的單位不是一般的rpm（轉速/分），而是以某個基準的轉速為準，以比例的方式表示，也就是％。例如以轉速11,292rpm的引擎為100％基準的情況下，當N2表指示在83.4％的時後，實際的轉速就是11,292×0.834≒9,418rpm。由此可以看出，比起9,418用83.4％表示的方式比較容易了解。此外，成為基準的100％轉速並不是一項限定值，因此實際上也會有超過100％的指示數。這是因為即使同一個引擎，最早設定的最大轉速也會因為不斷重複的過程而產生變化。

引擎的哪些地方需要監視呢？

以P&W4080引擎為例

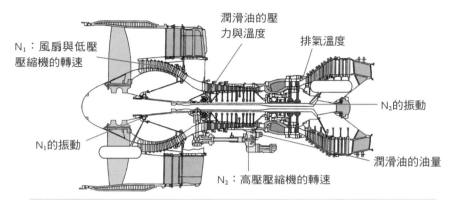

潤滑油的壓力與溫度

排氣溫度

N_1：風扇與低壓壓縮機的轉速

N_2的振動

N_1的振動

潤滑油的油量

N_2：高壓壓縮機的轉速

此裝置會將引擎的轉速、排氣溫度、潤滑油的壓力‧溫度‧量、振動等狀態傳送到儀器。航空界慣用N代表轉速，並且稱低壓壓縮機的轉速為N_1，高壓壓縮機的轉速為N_2。

引擎儀器的例子

以波音777為例

轉速表N_1：風扇與低壓壓縮機的轉數

轉速表N_2：高壓壓縮機的轉數

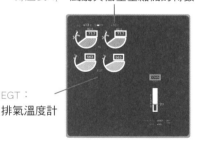

EGT：排氣溫度計

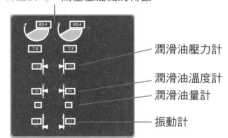

潤滑油壓力計

潤滑油溫度計

潤滑油量計

振動計

EICAS顯示器
顯示駕駛座中央的主要儀器。它不只是引擎儀器，也是用文字告知飛行員故障等重要事項的顯示器。

多功能顯示器
顯示飛機整體的系統狀況。例如發動引擎和隨時要看引擎狀況時都可以從多功能顯示器的畫面看到。

4-13 掌控推力大小的飛行儀器

若無法得知推力大小就無法飛行

　　如果是汽車的話，即使不知道引擎的馬力大小也有辦法在路上行駛。但是如果是飛機，就不可能做這種在不知道本身能力的情況下就飛上天空的魯莽舉動。因為飛機的推力大小，和它能否承受飛機的重量起飛、飛機能夠飛行的速度、能夠上升的最高高度等，和整體的飛行有極大的關係。而且，在實際的飛行當中，也有必要確認飛機產生推力的情形是否如預測的狀況一樣。不過很可惜的是，我們無法直接預測飛機在空中的推力大小，因此，誇張一點地說，我們只是利用彈簧床原理在陸地上測量推力大小，藉由儀器將這個推力的大小轉換成直線比例的方式，算出飛機推力的大小。

　　其中比較重要的儀器就是一個名為EPR儀器，這是用來指示引擎壓力比例的儀器。它是從觀測引擎入口的空氣壓力和渦輪出口的壓力比，也就是從觀察這兩者之間壓縮的程度大小，推算飛機推力的大小。此外，由於旁通比較大的引擎風扇所產生的推力也越大，所以風扇的旋轉速度幾乎和推力呈直線等比。於是，就不用特地為EPR儀器另外安裝一項裝置，可以在引擎既有的儀器之中的風扇旋轉速度偵測器，也就是N1，作為推力設定器。

　　飛機起飛和上升時的推力，可以利用標示在儀器上的目標值讓推力操縱桿自動執行並且維持穩定。只要能夠維持目標值穩定，就能確保飛機依照原本預定的推力大小飛行。在飛機巡航（水平飛行）和下降時，可以在不超過顯示值的範圍內使用。

從壓力比推測飛機推力的EPR儀器

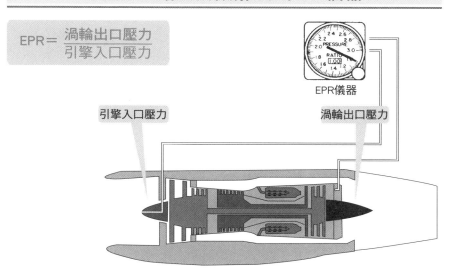

$$EPR = \frac{渦輪出口壓力}{引擎入口壓力}$$

EPR儀器

引擎入口壓力

渦輪出口壓力

EPR：Engine Pressure Ratio

風扇轉速與推力

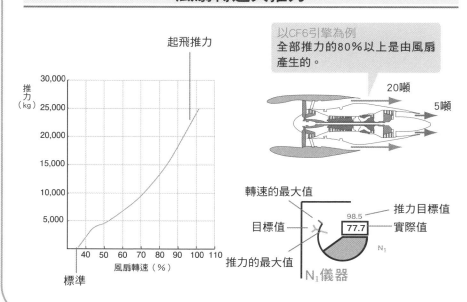

起飛推力

推力
（kg）

以CF6引擎為例
全部推力的80%以上是由風扇
產生的。

20噸

5噸

30,000

25,000

20,000

15,000

10,000

5,000

40 50 60 70 80 90 100 110
風扇轉速（％）

標準

轉速的最大值

目標值

推力的最大值

推力目標值

98.5

77.7

實際值

N_1

N_1儀器

4-14 啟動引擎的方法
不論哪一種引擎都需要助手

　　所謂引擎啟動，指的是引擎從靜止狀態轉換到最小安定轉速的閒置狀態之前的過程。不論哪一種引擎，都無法在燃燒燃料之後立刻啟動。就算是汽車，也是在轉動鑰匙到啟動位置後，藉由電動啟動裝置（啟動馬達）讓活塞開始運作，並讓它吸入並壓縮混合氣體，直到點火前不斷進行輔助工作，汽車才得以發動。

　　噴射引擎雖然沒有像汽車一樣的鑰匙，不過它有兩個按鈕。只要啟動這些按鈕，啟動機就會讓引擎的高壓壓縮機開始運作。接著，從引擎的入口處空氣就會自然地開始流入，直到空氣充分流入引擎之後就會啟動火星塞讓燃料流入。就像轉開瓦斯爐時從瓦斯爐冒出火花的瞬間瓦斯才會流入是一樣的道理。這是因為如果讓瓦斯先流入瓦斯爐內，有可能會引發火災。

　　然而，就算燃燒室內已經成功著火，也還是需要啟動機的幫忙。雖然依據引擎的不同狀況也會不同，不過只要引擎達到50％N2（約5,600轉）以後，引擎便會和啟動機分開。此後引擎可以自行加速，並且在引擎到達60％N2（約6,700轉）時，結束整個發動的過程。相對於汽車的標準引擎是每分鐘600轉，也就是最大轉速的10％程度，我們可以很容易理解，噴射引擎的標準轉速是非常快速的。此外，普通汽車的發動時間大約是2～3秒，噴射引擎則需要20～30秒。

　　順帶一提，每種引擎的發動聲都不一樣，例如被稱為空中貴婦的DC-8，在引擎發動時會發出「咻──」的一種讓人感受到無限鄉愁的孤獨音色，迴盪在夕陽餘暉的機場中。

引擎啟動的構造

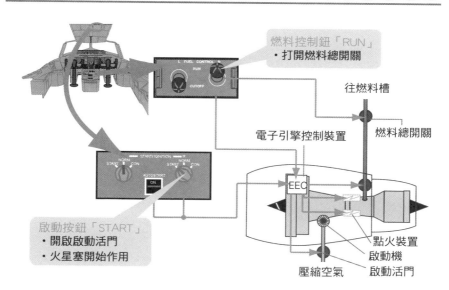

燃料控制鈕「RUN」
・打開燃料總開關

L FUEL CONTROL R
RUN
CUTOFF

往燃料槽

電子引擎控制裝置

燃料總開關

START/IGNITION R
NORM
START CON
AUTOSTART
ON
NORM
START CON

EEC

啟動按鈕「START」
・開啟啟動活門
・火星塞開始作用

點火裝置
啟動機
啟動活門

壓縮空氣

引擎的週期循環

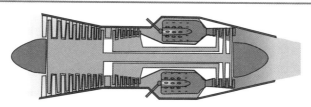

	吸引	壓縮	燃燒	排氣
噴射引擎循環	空氣	壓縮空氣	連續燃燒	將排出的氣體作為能量
活塞引擎循環	空氣與燃料混合氣體	壓縮混合空氣	間歇性燃燒	不將排出的氣體作為能量

引擎產生的四種力量
推力、電力、油壓力、空氣壓縮力

　　雖然引擎主要的工作為產生推力，但事實上除了推力外，它還會產出電力、油壓力和空氣壓縮力這三種力量。而我們也利用引擎的轉動力量驅動、燃燒測量裝置、發電機、油壓幫浦等，產生機內電源、運作飛機的輪架與操縱裝置等。此外，還會將引擎用於抽出還未送達壓縮機燃燒之前的空氣，雖然這麼說，不過這些空氣也已經是氣壓30、500℃的空氣，用來供給機內空調、空氣馬達和防冰裝置等使用。

　　另外，實際上燃料計算裝置是最後用來調整由電子引擎操控裝置算出的燃料量的裝置，我們用此裝置內的幫浦將從燃料槽內的幫浦運送來的燃料再次加壓。這麼做不只是要讓燃料確實送達引擎，也是因為如此一來便能夠利用加壓過的燃料（稱為伺服用燃料），驅動決定燃料量的開關活門等裝置。不選擇電動馬達則是因為電動馬達可能會產生火花造成危險。

　　發電機是一種內藏定速驅動裝置的交流發電機。由於考慮到一旦發電機發生故障時，也可能會對引擎造成影響，所以發電機都具備有能主動脫離引擎的裝置。此外，大部分直接和減速機連結的起動機都是利用壓縮空氣轉動，不過也有的飛機將發電機當作起動馬達使用。

　　對驅動飛機輪架和其他操縱裝置的油壓裝置加壓的幫浦，其實和引擎的轉速無關，而是用以維持一定的壓力。引擎在運作的期間，幫浦就像人類的心臟一樣一直在跳動，讓如血液一般的作動液在引擎內循環。

減速機

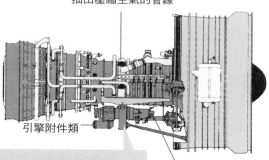

抽出壓縮空氣的管線

引擎附件類

驅動軸：由齒輪和高壓壓縮機連結

減速機
藉由高壓壓縮機驅動的引擎附件類驅動裝置

所謂引擎附件，意指在航空用語中的輔件，也就是輔助裝備的意思。其中的代表物如以下所述：

燃料計算裝置、起動機、潤滑油幫浦、主發電機、油壓幫浦、N2轉速感應器

此外，N2轉速感應器也是發電機的一種，它的頻率可以等於轉速傳送至儀器，而它的電力又可以當作電子引擎控制裝置的電源。

4種力量

引擎產出的四種力量

推力：**使飛機往前進的力量**

電力：**產生飛機所需電力的力量**

油壓力：**驅動飛機輪架及其他操縱裝置的力量**

空氣壓縮力：**讓飛機能夠使用空調、空氣馬達和防冰系統等裝置的力量**

什麼是飛機的「Check List」（檢查表）

　　駕駛從進入駕駛艙直到到達目的地離開駕駛艙為止，期間每個飛行階段都必須確實執行核對Check List工作。所謂Check List，指的是飛機為進入下一個飛行階段前，必須確認飛機的設定無誤，是一種幫助飛行員的工具，其中列舉著必須檢查的項目。

　　例如在起飛前完成第一次檢查時，為了使飛機在進入下一個階段，也就是為了確認飛機在啟動引擎運作時不會發生問題，實施的各項「啟動前」檢視工作，如是否完成氧氣裝置的準備、客艙座椅安全帶警示燈是否亮起、導航系統設定是否正確、燃料總開關是否有關緊等。此後，自「引擎啟動後」至降落「引擎停止運作」為止，在各個飛行階段都有其必須檢查的項目。

　　除了上述一般操作時所需進行例行檢查項目外，也有緊急故障時使用的檢查項目表。此一檢查表是為了方便管理飛機在發生非一般情況時所設計，其檢查項目依緊急操作順序列舉。當機內有任何故障狀況發生時，駕駛必須按照此檢查項目順序一一檢查，但是當發生引擎起火或是其他客艙突然失壓等意外狀況時，當然就不可能有時間慢慢按照這個表來做檢查了。

　　此時駕駛就必須按照記憶從噴滅火器或緊急迫降開始，進行一些緊急處理，接著在緊急處理告一段落的滅火後或抵達安全高度後才會再進行Check List的檢查工作。

第5章

噴射客機的航行狀況

飛機並非每次航行都把燃料槽填滿才出發，

而是經過嚴密的計算後，

才決定每趟航行所需的必備燃料量。

此外，飛機也不是一次就將升力拉到最大再往上爬升，

而是用上升推力提升高度。

在本章中，將針對飛機實際的飛行細部情形進行解說。

飛機運作之前哨站
在起飛前必須進行的各項檢查

　　沉睡中的飛機，通常都會在地勤人員進行嚴密的飛行前檢查（Pre-flight check，日本業界又稱作Pre-check）時，讓預備要起飛的飛機從休眠中慢慢甦醒。

　　首先地勤人員會先單手拿著手電筒進行外部檢測，從前輪附近開始往右側巡查，包含右側主翼、右側主輪，接著繞到機身後方再往左側主輪、左側引擎再朝機頭部分前進，這是為防止有遺漏檢查的情形發生所設定的固定檢查順序。

　　結束外部檢測之後，接下來地勤人員會在巡視客艙一圈之後進入駕駛艙。進入駕駛艙後第一項要檢查的是開啟電源後的安全狀況。例如如果在油壓裝置的電動幫浦和用來降下襟翼的按鈕仍開啟的狀態下打開電源，一不小心又讓幫浦開始運作導致襟翼下降，一旦當時飛機周圍有人員正在進行作業，就會對這些人造成危險，因此需要事先的檢查。接著在確實檢查過這些安檢項目之後，地勤人員會將電池的電源打開，使為數不多的電燈亮起，此時我們可以聽見由電池驅動的部分裝置微微地發出運作聲，就像飛機正要甦醒前突然抽動了一下的樣子。

　　接下來地勤人員會啟動輔助動力系統（APU），於是就會聽到從後方傳來由電池驅動的電動馬達讓APU開始運轉的聲音。等到輔助動力系統啟動完畢，機艙內的電源便可全面啟用，此時駕駛艙和客艙的電燈就會亮起，接著原本漆黑一片的顯示畫面也會甦醒，開始對儀器傳達指令，調整飛機的行前準備。此時會有一部接著一部像是已經等到不耐煩的車輛開始聚集在飛機周圍，開始進行各自的出發準備工作。

外部檢測

為了每次的飛行任務，每架飛機一定要實施嚴密的飛行前檢查。其中之一就是外部檢測。

例如在前輪的周圍要檢查的項目有：
・門的狀態
・機艙內的漏油狀況等
・輪胎是否有損傷或耗損情形
・緩衝柱的漏油情形
等等。

此外地勤人員也會檢查飛機周邊是否有掉落物品遺落在地上，因為若引擎把這些物品吸入，有可能會引起FOD（因為飛機吸入異物或鳥類等導致引擎受損）的狀況發生。

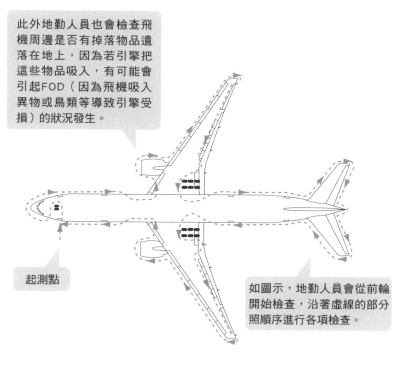

起測點

如圖示，地勤人員會從前輪開始檢查，沿著虛線的部分照順序進行各項檢查。

5-02 飛機起飛前的準備情形
將飛機團團包圍的車輛

　　飛機的停放場所稱做停機坪（apron），而在這個停機坪內的每架飛機停機格就叫做停機點，每個停機點都有各自的號碼，以表示其位於正確位置。這是因為所有使用導航系統的飛機都要在移動前將正確的位置，例如就像羽田機場的60號停機點座標是N35°33' 09.26"、E139°47' 18.72"一樣，要將地球的座標，也就是要將自己所在的經緯度輸入到導航系統中。

　　然而，在機場出境大廳所能看到的停機坪部分，通常可以看到許多地面支援設備（地勤作業車輛），也就是各種車輛忙碌地在跑道上穿梭。有的貨物車輛高度伸長到達機門，並將食物和飲料送往機內，這種車叫做客艙服務車。此外，還有一種名為起重升降機的車輛是用來提起航空用貨櫃放置於貨艙，而每個貨櫃的重量都是經過詳實的重量檢測後，依據重量的不同才決定其最後的擺放位置，這是為了讓飛機的重心位置必須控制在一定的範圍內。

　　另外，還有一種會鑽入機翼之下的車是燃料加油車，分為油罐車和利用幫浦從埋設在地下的輸油管中，汲取用油的幫浦車兩種類型。提到加油，通常幫汽車加油大部分都會把油箱加滿，但是飛機並不是每一次出發都是載著滿滿的油出發，而是根據每趟飛行目的地的距離仔細算出必須的油量，只攜帶所需的油量出發。此外，幫飛機燃料槽加油的程序非常繁瑣，通常加油的順序和加油的量都是固定的，主要會從最早用到的燃料槽開始加油。而需要加多少燃料，主要端看每位機師的使用方式來決定，這個部分稍後再來解答。

地面支援設備（GSE）

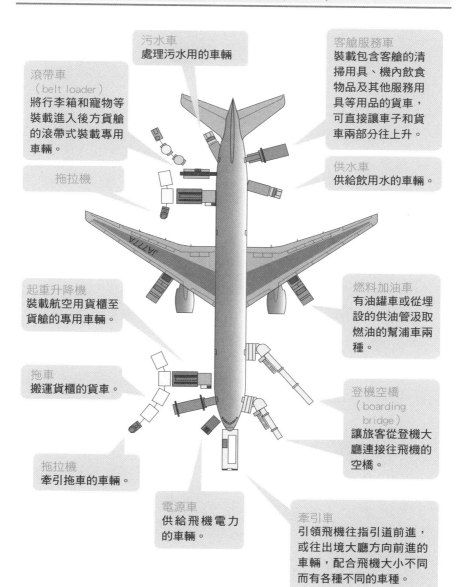

污水車
處理污水用的車輛

客艙服務車
裝載包含客艙的清
掃用具、機內飲食
物品及其他服務用
具等用品的貨車，
可直接讓車子和貨
車兩部分往上升。

滾帶車
（belt loader）
將行李箱和寵物等
裝載進入後方貨艙
的滾帶式裝載專用
車輛。

拖拉機

供水車
供給飲用水的車輛。

起重升降機
裝載航空用貨櫃至
貨艙的專用車輛。

燃料加油車
有油罐車或從埋
設的供油管汲取
燃油的幫浦車兩
種。

拖車
搬運貨櫃的貨車。

登機空橋
（boarding
bridge）
讓旅客從登機大
廳連接往飛機的
空橋。

拖拉機
牽引拖車的車輛。

電源車
供給飛機電力
的車輛。

牽引車
引領飛機往指引道前進，
或往出境大廳方向前進的
車輛，配合飛機大小不同
而有各種不同的車種。

GSE:Ground Support Equipment

飛機的飛行計畫是什麼？
飛行員和航空管制員之間進行的簡報超重要！

在地勤人員對飛機進行嚴密檢查，讓飛機甦醒的同時，飛行員也正在和航空管制員進行本次航行的縝密簡報。所謂的航空管制員又稱為調度員（dispatcher），他們主要的工作是製作飛行計畫和分析氣象資料，以及其他所有和飛航相關的消息，管理飛航安全和效率。不過飛行計畫一定要經過機長和航空管制員兩方同意，否則這趟飛行是無法成行。接下來就必須一起動腦思考有關飛行計畫當中最重要的部分，也就是選擇飛行路線。

由於在天空飛行的飛機必須仰賴大氣，因此飛機的航行和大氣的狀態，也就是和天候的狀況有著極大的關係。同時，航線的風向也會對飛行時間和耗油率造成影響，所以如果順風的話就選強風，如果逆風的話就選風速比較弱的航線和高度走。

例如，從成田機場到舊金山的最短距離大約是8,400km，若平均飛行速度為900km，飛行時間大約就會是9小時20分鐘。另一方面，如果為了求順風而多繞路100km讓距離增加到8,500km，假設平均飛行速度又可以增加到950km，托順風的福，飛行時間就可以縮短23分鐘，約8小時57分鐘。而且飛行縮短的這23分鐘可以減少消耗大約3噸的燃料，一年大約就可以減少1,000噸以上的燃料量。當然，所謂飛行計畫不只只有經濟方面的考量，安全性也是非常重要的一環，像盡量不要讓飛機搖晃的飛行舒適度也是擬訂飛行計畫的考慮要項之一。簡單來說，飛行計畫首要注意的因素就是安全性、舒適性和經濟性。

飛行必備的文件

天氣圖

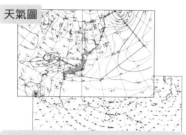

```
AIRPORT WX 09.7.16 DATE
KSFO 180556Z 29013KT 10SM
KLAX 180653Z 24003KT 10SM
KOAK 180653Z 30008KT 10SM
KSMF 180653Z 33005KT 10SM CLR 19/14 A2998
RJAA 180653Z 14004KT 9999 FEW020 BKN140 27/23 Q1006 RMK A2972
RJTT 180630Z 16009KT 9999 FEW030 BKN100 28/25 Q1006 RMK A2972
TAF KSFO 180520Z 1806/1912 29011KT P6SM SKC
FM180800 28008KT P6SM FEW007
TEMPO 1812/1815 BKN007
FM182100 30015KT P6SM SCT080
FM190400 30008KT P6SM SKC
TAF KOAK 180520Z 1806/1912 30010KT P6SM SKC
FM180800 29007KT P6SM FEW007
FM181200 30009KT P6SM BKN007
FM181500 29007KT P6SM SCT007
FM181700 30009KT P6SM FEW007
FM182000 30012KT P6SM FEW040 SCT080
FM190400 31006KT P6SM SKC
TAF KSJC 180520Z 1806/1906 33006KT P6SM SKC
FM180800 VRB03KT P6SM FEW010
FM182000 33010KT P6SM FEW040
FM190400 32005KT P6SM SKC
TAF RJAA 180240Z 1803/1906 14006KT 9999 SCT025
BECMG 1821/1824 22012KT
TEMPO 1900/1906 22016G28KT
```

> 目的地機場、替代機場、緊急迫降時可能需要用到的機場等的更新與預測天氣資料

上層風
可作為高度變換等狀況發生時的參考
以高度做區分的上層風圖。

```
...NOTAM SUMMARY AS OF 09.71.6 1510Z – ...
- CONTENTS / ITEM : DEPEND ON GROUP CODE
ALT : ALL TYPE : A
P SFO / SFO / - - SANFRANCISCO -
RWY - - 1R/19L CLOSED UFN
TXY - - 51 CLOSED UFN
P OAK / OAK / - - NILL -
R J A A / N R T / - - - N A R I T A - - -
TWY - - TAXING CAUTION - // REF RMB ( JAPAN ) 001 / 04 //
IN CASE OF TAXING VIA K-TWY AND C-TXY,
PILOT SHOULD EXERCISE CAUTION,
NOT TO CONFUSE C-3 TWY AS C-TXY.
R J T T / H N D / - - - H A N E D A - - - NIL
```

```
ATS
(FPL-***001-IS
-B777H-SDHIRWZ/S
-RJAA0950
-N0492F320 DCT CVC ORT11 RKY DCR GARRY DCT 4000N16000E/M084F350
DCT 4200N17000E DCT 4400N18000W DCT 4500N17000W DCT
4100N13000W/N0470F350DCT REDO DCT ENI DCT PYE DCT
-KSFO1838 KSMF
-EET/PAZA0247 RJTG0345
REG/JA777A SEL/A**D
-E/0807 P/000 R/UVE S/PM J/L D/02 092 C YELLOW
A/BLUE/WHITE
C/NAKAMURA
```

航空資訊、飛航公告NOTAM
（Notice To Air Man）
這對飛航關係人員來說是非常重要、不可
欠缺的資訊。例如像是要縮短運用跑道等
等這一類對於航空相關設備發生任何更
改、設定和狀態等的消息。或是通知像是
火山爆發、火箭發射等相關危險區域的消
息等。

飛行計畫書（Flight Plan）
必須在飛行前完成，並整理出和下列所有
相關事項：
・出發地點、出發時間
・到達目的地為止的航路、高度、速度
・需要時間、預定到達時間、燃料量等

COMPANY CLEARANCE - FUEL PLAN								
		TIME	FUEL		TIME	FUEL		TIME	FUEL
BOF	KSFO	08/57	162800	KSFO	00/00	000000	CPT	04/15	081500
CON		00/28	008200		00/00	000000			
RSV		00/30	007200		00/00				
ALT	KSMF	00/19	005700		00/00				
TAX			001500		00/00				
REQ		10/14	185400						
PCF		00/00	000000						
EXT		00/00	000000						
FOB		10/14	185400						

TC MC	GS TAS	CTIME RTIME	LAT/LONG (WP) POS	ETO ATO	ZTIME DIST	ALT FL	FUEL RMG	TMP SAT	ZWIND SPOT	MW/TP WSCP
075	569	00.59	N37119E150000	.	0.19	32000	134.0	-32	251078	39/48
081	491	07.58	RKY		184	FL	R	—	/	02
074	562	01.02	N37191E150314	.	0.03	32000	132.9	-32	251061	39/47
079	491	07.56	GARRY		26	FL	R	—	/	01
070	552	01.53	N400000E160000	.	0.51	32000	117.6	-33	263065	39/47
074			4060		473	FL				

燃料計畫
・到達目的地預測消耗的燃料量
・除此之外的備用燃料中，飛行所
需的量
從下列兩點決定飛機要搭載的燃料
量。

航行日誌（Navigation Log）
這是一個包含記錄預定通過地點之前的方位、速度、所需時
間、剩餘燃料量、風向風速、外氣溫度、搖晃狀況等的日誌，
並且也記錄了實際通過的地點的時刻、剩餘燃料量、風、溫度
等資料。

由精密的計算算出飛機能搭載的燃料量

總是不加滿燃料槽的理由是？

即使把自小客車的油箱加滿，重量大概也只有一個大人的體重，不到整體重量的10％。但如果是飛機，因為燃料槽加滿的重量大約會到達整體重量的40％，所以若一直維持滿油箱狀態下飛行，能夠搬運的重量就會變少，因此，必須經過仔細的計算才能決定飛機上要搭載的燃料量。

首先，無論如何一定要存放的量，是飛機到達目的地前所需的燃料量，也就是消耗用燃料。但是，只有消耗用燃料並不夠，因為如果遇到目的地的天候驟變或跑道突然封鎖時，機內沒有任何燃料可以再前往別的地方，會造成相當嚴重的後果。為此，在航空界中，我們稱除了目的地以外的機場為替代機場，而前往替代機場的燃料量也包含在絕對必備的燃料分量當中。但是，在遇到如天候驟變之類的情況時，其他的飛機很可能也會聚集在附近的機場，因此也必須把在天空上待機的燃料量算進去，所以空中待機用燃料也是必備項目之一。

當然除了這些之外，還有許多必備的燃料。例如飛機可能會在飛行時遇到飛航路線擁擠的狀況，導致無法按照原本預設的飛行高度或速度飛行，此時原本預定的消耗用燃料量就會不足，因此比較安全的做法是多準備一些預備燃料。而預備燃料量的算法有幾種，例如將原本預設的消耗用燃料量增加5％，或者是增加10％的飛行時間所需燃料量等。

另外，飛機也必須準備從出發閘門開始，進行起飛前的準備滑行所需的地面滑行用燃料。但是，不會準備從飛機降落到抵達閘門為止的燃料，因為飛機降落時通常都還會有剩餘的燃料。

飛機的重量與燃料

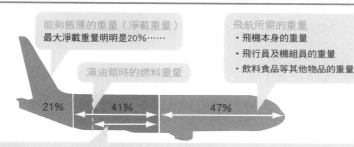

能夠搬運的重量（淨載重量）
最大淨載重量明明是20%……

滿油箱時的燃料重量

飛航所需的重量
· 飛機本身的重量
· 飛行員及機組員的重量
· 飲料食品等其他物品的重量

21%　41%　47%

預計燃料重量
波音777-300ER可以搬運的最大重量，也就是最大淨載重量值，大約是飛機整體重量的20%（其他的機種也大約是15%～20%）。但是如果將油箱加滿燃料所占的比重又會增加，造成淨載重量會降低至12%。因為能夠搭載的乘客和貨物重量只能有12%，所以飛機無法每次都裝滿油箱出發，而是經由嚴密的計算，決定能夠搭載的燃料量。

儲存在飛機上的燃料量

儲存在飛機上的燃料
＝ 消耗用燃料 ＋ 替代燃料 ＋ 空中待機燃料 ＋ 預備燃料 ＋ 地面滑行用燃料

消耗用燃料

替代燃料

從出發點往目的地為止所需消耗的燃料量。

從目的地往替代機場所需消耗的燃料量。

預備燃料

考慮任何意外情形發生所需的燃料量，例如有增加5%消耗用燃料為預備用燃料的方法。

空中待機

出發機場

地面滑行用燃料

替代機場

從閘門到跑道之間的所需燃料量。

在空中待機時的所需燃料量。

5-05　出發和抵達目的地的時間是怎麼算出來的？

不可能「隨攔隨停」

我們每天在上下班、上下學時，常常可以看見有些人在車門即將關閉的警示音響起時，才匆匆趕進車廂內，但是在搭乘飛機時，最好還是像時刻表上面寫的一樣「請在出發前10分鐘以內抵達登機口」，時間會比較充裕。

顯示在時刻表的出發時間，就是飛機準備起飛後開始動作的時間。通常，飛機是面對著終點停靠在停機坪上，所以並不像汽車一樣容易倒車。它就像大船要出港時需要拖船一樣，飛機也需要飛機拖車做為牽引車來幫助飛機起飛。我們稱牽引車將飛機引導至引道的過程為後推（push-back），而開始後推的這個時間點就是飛機的出發時刻。

而在出發時刻之前的15～20分鐘，是乘客可以開始登機的時間，在乘客登機時，除了類似汽車手煞車一樣功用的煞車以外，為了確保乘客安全，在飛機的輪胎前還有放置塊狀（block）的車擋板避免飛機往前滑動。另外在飛機要開始進行後推動作時，移開車擋板的行動就稱為「Block Out」，於是移開車擋板的這個時間點，就被當作實際出發時間。

相反的，我們稱飛機降落後靜止時將車擋板放在輪胎前的動作為Block In，這個時間就是飛機的抵達時間。因此登記在時刻表上的所需時間，就等於飛機從Block Out到Block In之間的時間，又稱為Block Time。此外，為了和Block Time有所區別，從飛機起飛到降落為止的所需時間，也就是飛機在空中的時間則稱為飛行時間（flight time）。

後推

出發時間：當飛機被牽引車指引，朝向引道前進的時間

駕駛艙：地勤人員，麻煩可以後推了。現在Nose朝South（現在機頭朝南）。啟動照明引擎。

地勤人員：Nose South收到。開始後推。照明引擎啟動完成。

飛機拖車

車擋（block）與Block Time

我們在飛機上可以聽到「本機即將起飛，預定抵達時間是○○」，是因為我們將預定起飛的時間加上飛行時間獲得的結果。

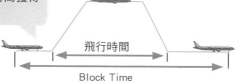

飛行時間

Block Time

Block Time也就是時刻表上顯示的時間。

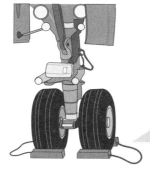

車擋：外側使用顯眼的紅色，因為車擋的形狀為四角型的方塊狀，所以將此車擋移開的時間就稱為Block Out Time，直到再次放上車擋的Block In Time為止的時間稱作Block Time。

為什麼要點亮紅色的燈光呢？

紅色燈光表示防止衝突和其他警示燈的意思

當原本正在準備中還沒打開燈光的飛機，突然從機身上下發出一閃一閃的紅色亮光，就代表這架飛機即將起飛。這種紅色閃光燈稱為防撞燈，在飛機引擎啟動時以及飛機開始移動時啟用。另外在機翼前端和飛機最後方也有會發出白色閃光的防撞燈，這種白色閃光燈會在飛機開始準備起飛時點亮。

此外，在飛機左右兩側機翼前端的燈光，分別是稱為綠色右舷燈和紅色左舷燈的航行燈，也稱為位置燈，用來標明飛機的位置與前進位置。當我們看到前方有飛機時，如果右邊是紅色燈光、左邊是綠色燈光，代表這架飛機正面朝著我們而來。

而在夜晚降落時使用的燈光稱為落地燈（landing light），分別位於左右兩機翼與機身連接的地方與前輪緩衝支柱共三處，這三盞燈是飛機機身上最亮的燈。而且，位於機翼的燈不只有夜晚降落時才會點亮，只要飛機的高度在像起飛或降落的低高度（3,000m以下）就會打開，理由是可以防止鳥類衝撞到飛機以及讓飛機駕駛易於辨識。

另外，飛機還有在地面滑行時用來照明前方的滑行燈（taxi light）、轉向時擴大照亮轉向範圍的跑道轉向燈（runway turnoff light）。此外，當安裝在前輪的滑行燈和前輪落地燈還被收納在前輪裡時，是無法使用的。

而當飛機在夜晚下雪的情況下進行地面滑行，或者是在飛行時，用來檢查機翼上的積雪與結冰的情形，或者是檢查引擎入口處的結冰狀況使用的燈則是機翼照明燈（wing illumination light）。

飛機的所有機外燈光

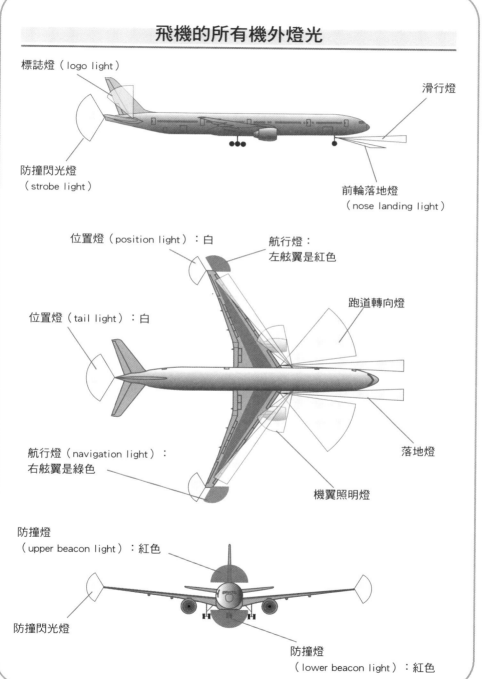

標誌燈（logo light）

滑行燈

防撞閃光燈
（strobe light）

前輪落地燈
（nose landing light）

位置燈（position light）：白

航行燈：
左舷翼是紅色

位置燈（tail light）：白

跑道轉向燈

航行燈（navigation light）：
右舷翼是綠色

落地燈

機翼照明燈

防撞燈
（upper beacon light）：紅色

防撞閃光燈

防撞燈
（lower beacon light）：紅色

5-07 飛機利用各種推力在天空中飛行

噴射引擎的力量是有限的

　　飛機從零開始出發的起飛過程，需耗費該引擎最大的推力才能夠起飛。但是，飛機起飛後並不是直接用起飛時的推力繼續向上爬升。在一般狀況下，一架噴射客機的行程，可能是先往返羽田機場和千歲機場一趟，之後再往返鹿兒島機場後再前往福岡機場，可能經過短暫休息後隔天早上再繼續一天的航程，是非常辛苦的操課表。

　　因此若不善待引擎，不但使用年限會變短，對飛航安全也有很大的影響，所以不允許飛行員隨意地使用引擎推力。為了每趟飛行都能夠安全又省油的達到目的地，所以會設定起飛、上升、巡航等每一階段的飛行（稱為flight phase）所需的最大推力，只用這個範圍內的推力飛行。

　　所謂最大起飛推力，指的是起飛時能使用的最大推力。這個推力受到引擎的氣體排出溫度和引擎轉速等限制，來決定推力的大小，不過不能連續使用超過5分鐘（也有的引擎可以用10分鐘）。此外，在飛機落地時，也有因為臨時狀況突然停止降落或往上爬升的情形，此時用的推力稱為重飛推力，而這個推力和起飛的推力大小相同。

　　另外還有一種稱為最大連續推力，例如在起飛過程中引擎突然故障時，已經用完超過起飛推力限制的5分鐘後，可以使用的緊急用推力，而且是可連續使用的推力。而最大爬升力則是起飛抵達巡航高度以後，用來加速到巡航速度時使用的推力。接著在最大巡航推力可使用的推力範圍內，維持巡航高度以及速度。

飛行的各個階段（flight phase）

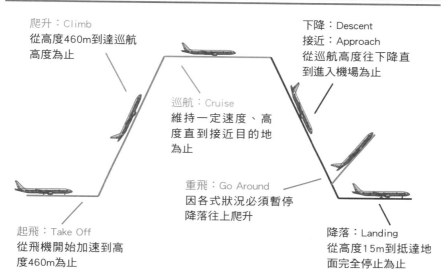

爬升：Climb
從高度460m到達巡航
高度為止

下降：Descent
接近：Approach
從巡航高度往下降直
到進入機場為止

巡航：Cruise
維持一定速度、高
度直到接近目的地
為止

重飛：Go Around
因各式狀況必須暫停
降落往上爬升

起飛：Take Off
從飛機開始加速到高
度460m為止

降落：Landing
從高度15m到抵達地
面完全停止為止

引擎的定格推力

最大起飛推力（Maximum Take Off Thrust）
起飛（或重飛）時所使用的最大推力，有使用時間限制（5分鐘或10分鐘）。

最大連續推力（MCT；Maximum Continuous Thrust）
在引擎故障或其他緊急情況下可以連續使用的最大推力，是次於起飛推力的推力。

最大爬升推力（MCLT；Maximum CLimb Thrust）
從起飛到抵達飛航高度以後，為了加速到巡航速度所使用的推力，是次於MCT的推力。

最大巡航推力（MCRT；Maximum CRuise Thrust）
飛機巡航時所使用的最大推力，是定格推力之中最小的推力。

波音747-400　最大起飛重量：396.9噸
CF6引擎　最大起飛推力：26.3×4＝105.2噸

波音777-300ER　最大起飛重量：352.4噸
CE90引擎　最大起飛推力：52.3×2＝104.6噸

空中巴士380　最大起飛重量：562噸
RR Torrent引擎　最大起飛推力：35×4＝140噸

5-08　飛機的起飛速度有多快？
若不知飛機重量則無法起飛

　　如果不知道機身的重量，就沒有辦法起飛，這是因為：（飛機的重量）＝（升力的大小），所以如果不清楚飛機的重量，就無法預測支持機身最小的速度。也就是說，我們可以從飛機的重量預測支撐飛機所必須的升力大小，再藉由升力和速度平方成正比的定律得知速度的大小，才有辦法讓飛機起飛。所以一旦確定了飛機的重量，就可以決定和起飛相關的V_1、V_R、V_2三種速度。

　　首先，V_1是指飛行員決定要暫停起飛或是維持原本動作的速度，也稱為「決定起飛速度」（take-off decision speed）。如果超過V_1的速度才暫停起飛，衝出（overrun）跑道的可能性相當高。

　　V_R是指從到達足夠讓飛機升起的速度後，揚起機首開始操縱的速度，稱之為「拉桿速度」（rotation speed），就是我們可以從起飛時感受到的加速度，以及一段時間後突然往正上方被拉起的力量。這是飛行員在速度達到V_R時將機首往上拉提，造成升力突然加大的結果。如果飛機只是一味地往前加速，便無法在有限的跑道內往上升，所以一定要拉起機首，讓迎向空氣的機翼加大角度（仰角），增加升力。

　　最後，V_2指的是在飛機升起後不至於發生失速等狀況，使飛機能夠安全爬升的最小速度，稱為「安全起飛速度」（take-off safety speed）。同樣的狀況，我們也可以在觀察水鳥準備啟程飛行時看到：準備起飛的水鳥會先激烈地拍打翅膀離開水面，一段時間之後拍打翅膀的動作會稍微和緩，我想是因為水鳥是藉由身體體認到V_2的緣故吧！

飛機的重量與升力

$$（升力）=\frac{1}{2}（升力係數）\times（空氣密度）\times（飛行速度）^2\times（機翼面積）$$

又因為支撐機身的飛行速度等於（升力）＝（重量）所以

$$（飛行速度）=\sqrt{\frac{2\times（飛機重量）}{（升力係數）\times（空氣密度）\times（機翼面積）}}$$

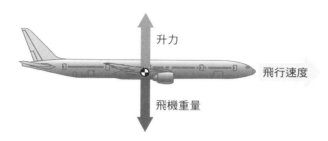

升力

飛行速度

飛機重量

飛機的重量與起飛速度

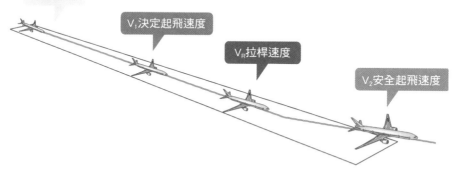

開始加速

V_1決定起飛速度

V_R拉桿速度

V_2安全起飛速度

起飛速度 飛機重量	V_1	V_R	V_2
350噸	306km/時	313km/時	328km/時
250噸	250km/時	257km/時	283km/時

重量每差100噸，速度
就會相差近60km/時

飛機需要多長的距離才能起飛？

到輪胎離開跑道為止的距離不等於「起飛距離」

只要將飛機的重量輸入電腦，電腦就會從速度表中顯示三個起飛速度V_1、V_R和V_2，這是因為若要讓飛機安全起飛，必須在速度到達速度表內顯示的三個速度後，再各自進行不同的操作程序。例如飛行員必須在飛機起飛後，速度達到V_1之前都緊握著推力操縱桿，因為一旦決定要暫停起飛時必須要使引擎的出力下降，盡速讓操縱桿回到閒置狀態。

接下來，在完成V_1階段之後為了表示要繼續起飛的決心，此時飛行員會放開操縱桿。雖然在航空界中常說：「沒有比飛機後方的跑道還要沒用的東西了」，但是在飛機速度到達V_1左右時，在這1秒鐘之內，其實就已在這個無用的跑道上跑了80m以上，因為此時飛行員正在判斷在這樣的狀態下，是否要中止或是要繼續起飛。

不過說到飛機所需的起飛距離，不單純只是從起點到輪胎離開跑道為止的距離，若考量到飛機的安全性，飛機的起飛距離應是從飛機準備開始起飛到通過10.7m（35ft）高度點的水平距離。但是，若是在引擎故障仍決定要繼續用V_1的速度起飛的情況下，從使用剩餘的引擎加速到V_R，並爬升到10.7m高度的距離就會加長。此外，若是在V_1時就決定停止起飛，就必須連同飛機完全停止的距離（稱為加速停止距離）也一起算進起飛距離當中。

考慮到以上幾點，一架飛機起飛所需的距離就是在①一般情況下，以比較寬裕的算法所算出的起飛距離。②在引擎故障的情況下決定繼續起飛的距離。③在中止起飛的情況下，直到飛機完全停止的距離的這三項當中，最長的那一段距離。

起飛速度的運算

在速度表顯示出的三個起飛速度

輸入起飛重量後就會自動算出起飛速度

輸入資料

PFD

飛行管理系統輸入裝置

飛機需要的起飛距離是？

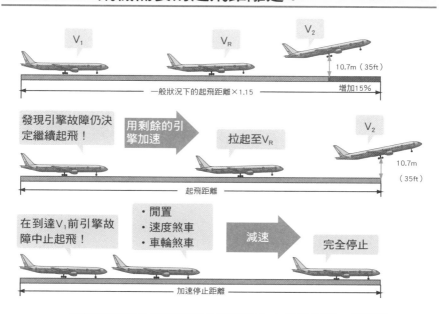

V_1 V_R V_2

10.7m（35ft）

一般狀況下的起飛距離×1.15   增加15%

發現引擎故障仍決定繼續起飛！

用剩餘的引擎加速

拉起至V_R

V_2

10.7m（35ft）

起飛距離

在到達V_1前引擎故障中止起飛！

・閒置
・速度煞車
・車輪煞車

減速

完全停止

加速停止距離

飛機起飛所必須的距離是這三項之中最長的那一個距離

5-10 飛機起飛時才會使用到的襟翼的祕密

配合飛機重量和跑道的長度改變襟翼的位置

　　襟翼可以用來加大機翼彎度、增加空氣的流動幅度及使空氣的反作用力（也就是升力）增加。根據襟翼放出的大小不同，可以利用支撐飛機的升力能夠得到的速度會產生變化的性質，所以幾乎大部分的飛機在起飛時所需的襟翼位置都有兩個以上。此外，引擎的出力也不是只有最大一種，通常會設定2～3種起飛推力。這是因為根據起飛所需的跑道長度，可以自由地改變襟翼的位置和各種推力組合，找出最適合的起飛方式。

　　當飛機重量較重時，光是加速就很困難了，何況還要加快起飛速度，所以起飛時需要的距離也會相對拉長。因此，為了提升加速效率，也就是延遲最大起飛推力和速度，就可以使用位置較深的襟翼，讓距離盡量縮短；另一方面，當飛機在重量較輕的狀況下也使用最大推力起飛，會造成加速度力量過大，使得乘客感覺到不舒服。因此，當飛機在重量較輕或者要從距離較長的跑道上起飛時，興起使用最大推力還不如用小一點的推力，並且會選擇使用位置較淺的襟翼，如此一來不只是乘坐的感受比較舒適、推力也較小，最大的優點是噪音也會比較小。

　　但是，飛機起飛時是面風比較有利，極端一點來說，如果迎風的風速達到90m就會自然產生升力，甚至不需要跑道就能夠起飛。這是由於只要有迎風的風速，對於空氣的相對速度也就會增加，也就是說除了飛機在跑道上助跑以外，飛機也可以藉由迎面的風自然提高起飛的速度，自然能夠縮短起飛的距離。

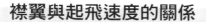

襟翼與起飛速度的關係

襟翼15時的起飛速度

V_1：311km/時
V_R：328km/時
V_2：341km/時

襟翼20時的起飛速度

V_1：306km/時
V_R：313km/時
V_2：328km/時

用襟翼20的狀態下起飛雖然距離能夠縮短，但上升會比襟翼15時困難。

用襟翼15的狀態下起飛雖然花費的距離較長，但比較容易上升。

飛機的種類和重量與起飛距離間的關係

根據飛機種類的不同，其各自需要的起飛距離也不盡相同。

B737
1,600m

B777-200
2,500m

A380
3,000m

| 0 | 1000m | 2000m | 3000m |

即便是相同機種，也會因為飛機起飛時的重量不同而導致起飛所需距離不同。以下是波音777-300ER的例子。

250噸
1,500m

350噸
3,000m

| 0 | 1000m | 2000m | 3000m |

飛機不是靠升力提高高度的！

就像汽車爬坡一樣，用的是引擎的力量

　　當飛機開始起飛，在感受到加速度的力量壓在靠在座位上的背部一段後，又會感覺到一股往正上方拉提的力量。這股力量的出現，正是在告訴我們現在已經不是前進後退的關係，而是進入了上下力量關係的證明。然而一旦飛機的輪架完全離開地面，那股被人往上拉的感覺就會逐漸消失。這就表示此時升力正全力專注在支撐飛機的工作上，也就是此時並沒有上下力量關係的變化。

　　從這樣的情形可以了解，升力的工作是在空中持續支撐飛機的重量，並不是升力大時就能讓飛機上升，或者是升力小就會讓飛機下降。飛行中升力若產生大幅度的變化，不只會像在坐雲霄飛車一樣產生不舒適感，也會讓機翼產生多餘的力量，造成飛行強度上的問題。

　　那麼飛機到底要如何才能爬升呢？我們可以用汽車爬坡做為例子來參考。試著想想，一般要爬坡的汽車，如果用跑平地的開法不增加踩加速器的力道，汽車的速度就會不斷往下掉。理由是汽車在爬坡時除了要對抗和原本前進時相同，與路面的摩擦力和空氣阻力外，還要對抗因車身傾斜所多出的一股力量，這是因為汽車本身一部分重量往後拉扯產生的，也就是多了阻力的關係。

　　而飛機也和汽車完全相同，當飛機為了爬升而使機身傾斜時，除了空氣阻力以外，飛機重量的一部分也會變成阻力，使飛機沒有辦法順利爬升。因此，飛機爬升必備的推力，必須是比水平飛行時多好幾倍的力量。相反的，一旦飛機傾斜，外觀重量就會變輕，也就代表只需要些微升力就足以支撐這個重量。極端地說，如果是超過飛機重量的推力，除非像火箭一樣需要垂直上升，否則幾乎不需要用到升力。由此可知，飛機爬升時是將推力加大，而不是使用升力。

汽車爬坡時

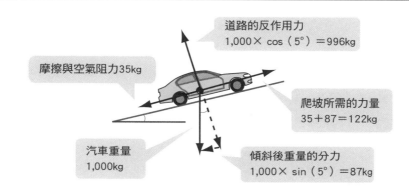

道路的反作用力
1,000× cos（5°）＝996kg

摩擦與空氣阻力35kg

爬坡所需的力量
35＋87＝122kg

汽車重量
1,000kg

傾斜後重量的分力
1,000× sin（5°）＝87kg

飛機爬升中的力量關係

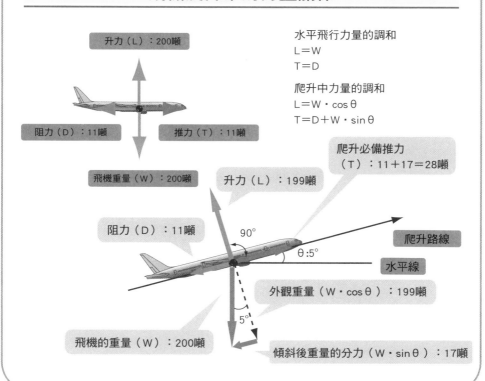

升力（L）：200噸

阻力（D）：11噸　　推力（T）：11噸

飛機重量（W）：200噸

水平飛行力量的調和
L＝W
T＝D

爬升中力量的調和
L＝W・cos θ
T＝D＋W・sin θ

升力（L）：199噸

爬升必備推力
（T）：11＋17＝28噸

阻力（D）：11噸

90°

θ：5°

爬升路線

水平線

外觀重量（W・cos θ）：199噸

5°

飛機的重量（W）：200噸

傾斜後重量的分力（W・sin θ）：17噸

5-12　飛機是利用什麼來提升高度的呢？

速度計量錶、姿態儀、高度表與升降率檢測計

　　駕駛艙擋風玻璃所產生出的風切音，最能感受到飛機朝著天空爬升實況，這個風切音會隨著速度增加而變大，隨著減速而變小。當然，飛行員並非依賴感受風切聲帶領飛機爬升，而是藉由不斷確認飛機爬升的姿態是否朝上、速度是否穩定、高度表是否每分每秒都在增加、升降率檢測計是否顯示飛機正在上升等客觀的資料，來判斷飛機的爬升情形。

　　所謂升降率檢測計（variometer）是一種表示爬升率（rate of climb）的顯示器，顯示飛機正以什麼樣的速率往上爬升（或往下降）。例如在檢測計上顯示1,000m/分，就代表這架飛機正以每分鐘1,000m的高度往上爬升。這個爬升率也就是我們可以用來檢測飛機爬升時性能（飛行的性質和能力）的「標準」之一。

　　關於飛機爬升的性能，除了爬升率以外還可以從爬升坡度（climb gradient）來檢視。例如在高速公路上有慢車道的地方大概都是道路坡度超過3％的地方，而所謂坡度3％的地方是指只要前進100m高度就會上升3m的坡道。同樣的，飛機也可以如此思考：若將飛機上升路徑的爬升角度的5°換算成爬升坡度，就會變成8.7％。這代表著當飛機水平移動1,000m時，高度也會相對提升87m。

　　但是飛機的姿態和爬升角度卻有所不同，比起飛機實際上爬升的角度，從外觀來看飛機的姿態往上傾斜的角度還比較大。這是因為若飛機傾斜的姿態和上升角度相同，機翼的攻角（迎風角）就會變小，而無法得到足夠的升力。另外，由於「飛機姿態的傾斜角度」和「爬升路徑的角度」的講法過於複雜，所以通常都稱爬升角度為爬升坡度以為區別。

能實際顯示爬升狀況的儀器

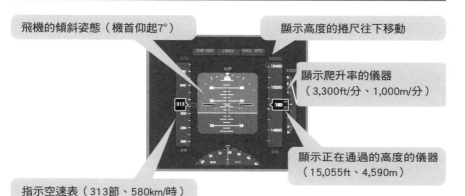

飛機的傾斜姿態（機首仰起7°）

顯示高度的捲尺往下移動

顯示爬升率的儀器
（3,300ft/分、1,000m/分）

顯示正在通過的高度的儀器
（15,055ft、4,590m）

指示空速表（313節、580km/時）

爬升率與爬升坡度

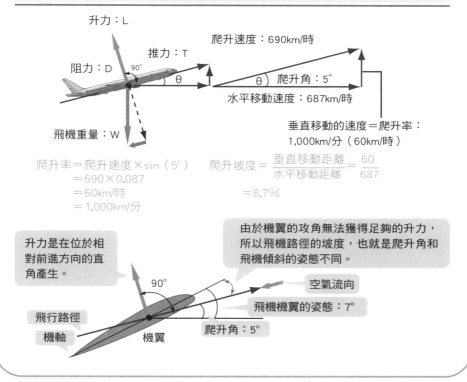

升力：L

推力：T

阻力：D

爬升速度：690km/時

爬升角：5°

水平移動速度：687km/時

飛機重量：W

垂直移動的速度＝爬升率：
1,000km/分（60km/時）

爬升率＝爬升速度×sin（5°）
　　　＝690×0.087
　　　＝60km/時
　　　＝1,000km/分

爬升坡度＝$\dfrac{垂直移動距離}{水平移動距離}$＝$\dfrac{60}{687}$
　　　　＝8.7%

升力是在位於相對前進方向的直角產生。

由於機翼的攻角無法獲得足夠的升力，所以飛機路徑的坡度，也就是爬升角和飛機傾斜的姿態不同。

空氣流向

飛機機翼的姿態：7°

飛行路徑

機軸

機翼

爬升角：5°

5-13　客機能夠飛多高？
決定權在上升推力的大小

　　飛機都在持續穩定的速度上進行爬升的動作，誇張一點來說，爬升率和爬升坡度根本是放任它自然形成的。如此任憑它們自然而然產生的爬升率和爬升坡度，其實是由推力和阻力的差（稱為剩餘推力）的大小來決定。

　　但是飛機爬升時所仰賴的推力，會隨著飛機逐漸上升而慢慢消失。這是因為飛機越往高空爬升，空氣越稀薄，引擎壓縮空氣的效率自然也就會變差。同時為了配合空氣壓縮度的減少，流入引擎的燃料量自然也必須減少，因此飛機越往高處去越無法產生力量。

　　另一方面，不論高度如何變化，在空氣密度變化較小的條件下，阻力幾乎不會有所改變。這是因為原本為了爬升而維持的一定速度，其實就等於速度計量錶上所顯示的速度，也就是指示空速的關係。速度計量錶上所表示的就是風壓的大小，正確來說就是顯示測量到的動壓。而由於升力和動壓成正比，所以從動壓的大小換算成速度比較方便。同樣的阻力也和動壓成正比，也就是說，因為飛機一直維持著同樣的動壓往上爬升，所以和動壓成正比的阻力也不會有任何變化。

　　由此可知，雖然推力會逐漸降低，但阻力不會改變，這就表示隨著飛機高度的爬升，爬升率也會變小。然而到最後連剩餘推力也會消失，也就是爬升率會變成零的高度是真正存在。我們稱這樣的高度為「絕對上升限度」（aboslute ceiling），不過飛機要爬升到這樣的高度幾乎是不可能的。因為在實際的飛行當中，都有設定爬升率90m/分（300ft/分）的運用高度限度為實際上的高度限制。

爬升率以及爬升坡度的算式

所謂爬升率，就是爬升速度垂直方向的速度，所以若將爬升速度設為V、爬升角為 θ，（爬升率）＝V・sin θ。而爬升坡度就等於相對於水平移動的垂直移動比例，所以（爬升坡度）可以用（爬升坡度）＝tan θ 表示。不過在 θ 較小的情況下 sin θ ≒ tan θ，因此（爬升坡度）也可以用（爬升坡度）＝sin θ 表示。

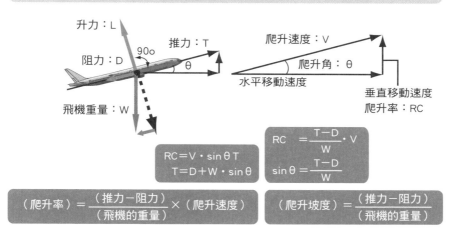

$$RC = V \cdot \sin \theta \, T$$
$$T = D + W \cdot \sin \theta$$

$$RC = \frac{T-D}{W} \cdot V$$
$$\sin \theta = \frac{T-D}{W}$$

$$（爬升率）= \frac{（推力-阻力）}{（飛機的重量）} \times （爬升速度）$$

$$（爬升坡度）= \frac{（推力-阻力）}{（飛機的重量）}$$

高度 VS 推力&阻力

隨高度不同推力和阻力的變化表（以CF6引擎為例）

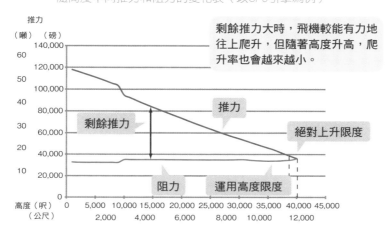

剩餘推力大時，飛機較能有力地往上爬升，但隨著高度升高，爬升率也會越來越小。

5-14 儀器的速度與空氣的速度
飛機往上爬升的速度有多快？

　　飛機之所以能在天空中飛，都是空氣的功勞，因為飛機會在空中快速移動的同時產生力量。因此對飛機來說，比起汽車和地面的速度關係（對地速度），飛機和空氣之間的速度關係（空速）比較重要。於是我們稱飛機在空中飛行的速度，也就是讓飛機通過的空氣速度為實際空速。而至於為什麼要「實際」，是因為汽車的測速計就直接可以等於對地速度，但是飛機的速度計量錶和實際空速卻不一致。

　　我們稱速度計量錶上顯示的速度為「指示空速」，而這個速度是將動壓的大小換算成速度所得到的結果，因為只要知道空氣力量大小就等於知道動壓大小，知道動壓的大小就能算出和動壓成正比的升力大小。所以飛行員只要按照速度計量錶上的指示空速飛行，就不會因為減速過多而失速，或因為加速過快而導致對飛機產生過大的壓力。

　　而指示空速和實際空速之所以不一致，是因為我們對陸地上的動壓加上刻度的關係。因此，飛機和汽車雙方的速度計量錶上速度相同的話，在陸地上的速度將會一樣，不過如果飛機是在空中的話，飛機的速度就會比汽車快，甚至可以說遠遠地把汽車拋在後頭。這是因為飛機如果要得到和汽車同樣的動壓，就必須不斷往高空爬升，但空氣也會隨之稀薄，為此飛機不得不加快飛行的實際空速。就如同要將汽車和飛機的擋風玻璃產生相同的切風聲，飛機就必須以更快的速度去補足空氣變稀薄的份一樣，所以飛機的速度才會比較快。

　　指示空速對飛行來說是相當重要的指標，而實際空速則是用來了解飛行性能的重要資料。

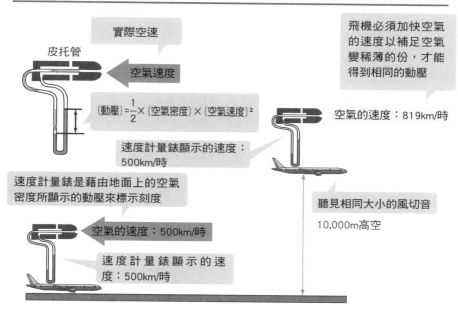

風壓（動壓）與空氣速度

實際空速

皮托管

空氣速度

$$（動壓）= \frac{1}{2} \times （空氣密度）\times （空氣速度）^2$$

速度計量錶顯示的速度：
500km/時

速度計量錶是藉由地面上的空氣
密度所顯示的動壓來標示刻度

空氣的速度：500km/時

速度計量錶顯示的速度：500km/時

飛機必須加快空氣
的速度以補足空氣
變稀薄的份，才能
得到相同的動壓

空氣的速度：819km/時

聽見相同大小的風切音

10,000m高空

飛行儀器與空氣速度的關係

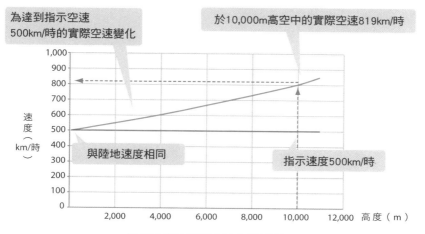

為達到指示空速
500km/時的實際空速變化

於10,000m高空中的實際空速819km/時

速度（km/時）

與陸地速度相同

指示速度500km/時

指示空速與實際空速的關係圖

5-15 對地速度是由風速來計算
有風沒風差很多！

　　如前所述，對飛機來說，起飛時是逆風較為有利，但是如果已經飛上天空，還是順風比較有利。理由是因為不論是起飛的逆風還是在天空航行的順風，都能縮短實際上飛行的距離。如前述，我們稱飛機通過空氣的速度為實際空速，不過如果是通過靜止的空氣，此時的實際空速會等於地面的速度，也就是對地速度相同，於是可以得知，在完全沒有風的影響下：

（對地速度）＝（實際空速）

　　但是，一旦有空氣流動，也就是有風時，這樣的同等關係便會崩解。就像在河上坐船，船朝上游和朝下游前進時的速度會不同是完全一樣。不過如果是飛機在有風的狀況下前進，它們的關係就是：

（對地速度）＝（實際空速）±（風的速度成分）

但是＋是代表順風成分，－是代表逆風成分。

　　起飛時之所以逆風比較有利，是因為為了讓飛機漂浮在空中，即使有充足的實際空速，對於對地速度來說逆風的速度還是比較慢，所以能夠用較短的距離起飛。然而在飛上天之後，就像船往下游一樣的道理，順風的前進速度比較快。此時對地速度比較快的結果，就是代表飛機能用較少的消耗用燃料，就能到達到原有的目的。

　　不過實際空速和對地速度並不是實際偵測過飛機和大氣與大地之間的速度關係，才得到的結果，實際空速是經由一種名為大氣數據計算機（air data computer）計算所得的結果，而對地速度則是經由慣性導航系統，利用移動距離和時間算出來的速度。不過客機在電腦尚未發達前，並沒有實際空速計和對地速度計的存在。

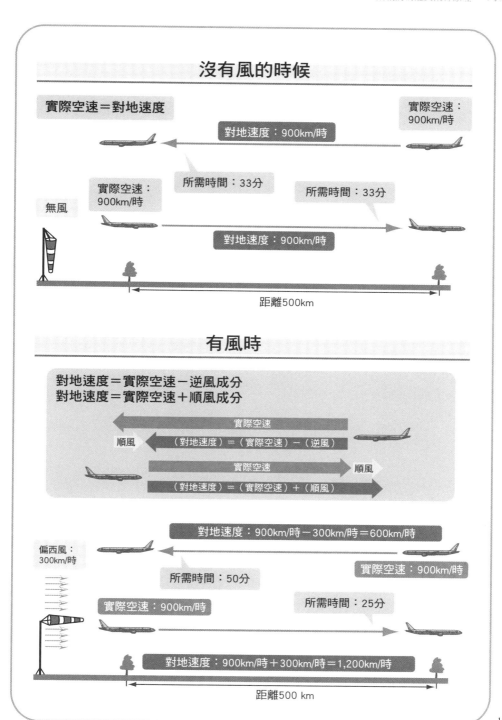

沒有風的時候

實際空速＝對地速度

實際空速：900km/時

對地速度：900km/時

實際空速：900km/時

所需時間：33分

所需時間：33分

無風

對地速度：900km/時

距離500km

有風時

對地速度＝實際空速－逆風成分
對地速度＝實際空速＋順風成分

實際空速

順風 （對地速度）＝（實際空速）－（逆風）

實際空速 順風

（對地速度）＝（實際空速）＋（順風）

對地速度：900km/時－300km/時＝600km/時

偏西風：300km/時

實際空速：900km/時

所需時間：50分

所需時間：25分

實際空速：900km/時

對地速度：900km/時＋300km/時＝1,200km/時

距離500 km

稍微有點恐怖的馬赫世界
會產生各式各樣問題的震波

　　音速不只是傳導聲音的速度，也是傳導物品時產生微小壓力變化的速度。如果飛機以極快的速度飛行，壓力的變化就會變成波動，並且以與音速相同的速度傳送。此時為了解波動傳導的速度和飛行速度之間的關係，便開始使用馬赫數。所謂馬赫數就是飛行速度和音速之間的比，沒有單位，但當馬赫數為1.0時就等於是音速。

　　如2-05所說，當飛行速度越快時代表空氣被壓縮的越厲害，而由於空氣被壓縮的程度和馬赫數有明確的關聯，所以能夠利用從皮托管測得的壓力與外氣壓力做比較得到馬赫數。另外，因為音速會根據空氣的溫度變化而改變，所以它也會因為飛行的高度不同而有所不同。但是馬赫數是代表飛機正在飛行的高度與音速之間的比，所以不論高度多高，只要馬赫數為1.0就表示它是該高度的音速，所以可以說是非常方便的速度。

　　為什麼說它是方便的速度呢？因為不論在哪個高度只要馬赫數接近1.0，就可以預測到空氣被壓縮成的空氣束會變成震波。一旦產生震波，空氣就會離開機翼，並且使原本抵抗空氣的阻力突然暴增，如此一來，從機翼逃逸的空氣就會撞擊機體使飛機產生大幅度的震抖，稱為振顫現象（Buffet），或是因支撐機身的升力不足，而引起飛機的速度和高度減少的失速狀態（稱為震波失速，Shock Stall）。為避免發生這樣的情形，飛行員在飛行時對於馬赫數的上升是有所限制的，而且即使飛行馬赫數沒有上升到1.0，機翼上方的馬赫數還是有可能會超過1.0，此時稱超過1.0的飛行馬赫數為「臨界馬赫數」（critical Mach number）。

何謂馬赫數？

馬赫表：皮托壓 / 外氣壓
指示空速速度表：皮托壓－外氣壓

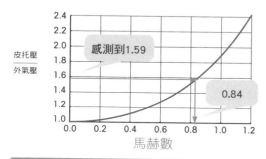

$\dfrac{皮托壓}{外氣壓}$

感測到1.59

0.84

馬赫數

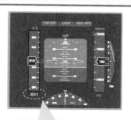

馬赫表
因為它就像指示空速表和高度表一樣不需要持續觀察，所以是一個只能以電子數據顯示的儀器。

$$馬赫數 = \dfrac{飛行速度（實際空速）}{當時飛行高度的音速}$$

$$音速 = 20.05 \times \sqrt{絕對溫度}$$
$$= 20.05 \times \sqrt{273.15 + 外氣氣溫}$$

陸地15℃的音速＝
$20.05 \times \sqrt{273.15 + 15} ≒ 1,225$km/時
10,000m、－50℃的音速＝
$20.05 \times \sqrt{273.15 - 50} ≒ 1,078$ km/時
也就是在陸地產生震波的速度會是1,225km/時，不過若是在10,000m的話，會在1,078km/時時就產生震波。但是在10,000m的空中產生的震波也會是同樣的1.0馬赫數。

何謂臨界馬赫數？

即使飛行馬赫數（馬赫表）沒有超過音速，但機翼上的速度還是有可能會超過音速，此時的飛行馬赫數稱為「臨界馬赫數」。而這架飛機的臨界馬赫數會是0.87。

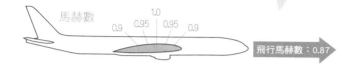

馬赫數
1.0
0.9 0.95 0.95 0.9

飛行馬赫數：0.87

震波
超音速領域
機翼

因為產生震波使空氣從機翼逃開

當發生震波時
・阻力急遽增加導致失速的可能
・引起強烈的機體振顫等現象，造成非常不安定的飛行狀態。

5-17 正確測量飛行高度的方法

高度計必須時常校正

　　如同3-08所述，飛機的高度計其實只是在氣壓計上加上刻度而已，而氣壓計則是利用大氣壓會受重力影響，隨著高度升高而變小的性質所製作而成的測量工具，所以又名為氣壓高度計。它唯一的缺點是標高為0m的基準大氣壓每次都不同，從每天低氣壓和高氣壓在輪流交替這點來看也可以知道，大氣壓時時刻刻都在改變。

　　例如在早晨的第一班飛機用儀器測量各項資料時，有時候會發現，高度計顯示的機場標高會比原本應有的標高還要高。這是因為早晨高氣壓勢力擴張，低氣壓接近使機場附近的海面（標高0m）氣壓往下降的緣故，所以為了配合如此變化多端的氣壓，高度計可以任意輸入目前的氣壓，以獲得正確的高度數據。利用這樣的裝置，只要將氣壓輸入海面上的氣壓數，高度計就能顯示正確的標高，並且能夠藉此讓飛機在確知正確的高度狀況下爬升。不過，如果不重新輸入正確氣壓就開始往上飛，高度計顯示的高度和實際高度便會不符，低高度飛行是非常危險的！於是我們將能成為機場標高的高度表設定值稱為QNH。

　　飛機一旦飛到較高的高度（日本為4,300m以上），就會將氣壓設定在1,013hPa，因為在高度高的地方沒有障礙物比較安全，而且在海洋上無法測得海面的氣壓。此外，就算兩架飛機擦身而過，因為大家都將設定值設在1,013hPa飛行，所以不會相撞。這個高度設定值稱為QNE，由於它是將標高0m的氣壓設定成1,013hPa的假設值，和實際高度不同，所以這個高度稱為空層（flight level）。

何謂高度計的高度

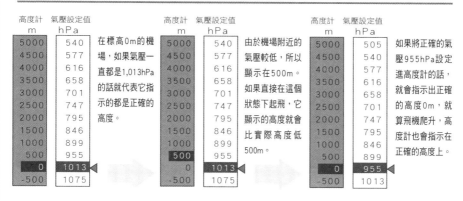

高度計 m	氣壓設定值 hPa
5000	540
4500	577
4000	616
3500	658
3000	701
2500	747
2000	795
1500	846
1000	899
500	955
0	1013
-500	1075

在標高0m的機場，如果氣壓一直都是1,013hPa的話就代表它指示的都是正確的高度。

高度計 m	氣壓設定值 hPa
5000	540
4500	577
4000	616
3500	658
3000	701
2500	747
2000	795
1500	846
1000	899
500	955
0	1013
-500	1075

由於機場附近的氣壓較低，所以顯示在500m。如果直接在這個狀態下起飛，它顯示的高度就會比實際高度低500m。

高度計 m	氣壓設定值 hPa
5000	505
4500	540
4000	577
3500	616
3000	658
2500	701
2000	747
1500	795
1000	846
500	899
0	955
-500	1013

如果將正確的氣壓955hPa設定進高度計的話，就會指示出正確的高度0m，就算飛機爬升，高度計也會指示在正確的高度上。

高度的設定

低空飛行的設定值（QNH）
由於在飛行途中有山等等的障礙物所以高度計的高度必須要和實際的高度相符，所以用機場附近0m的氣壓設定。

高空飛行與海上飛行的設定值（QNE）
因為完全沒有障礙物，所以用將0m的氣壓設定為1,013hPa的高度計飛行。

設定值1,013hPa，當偵測到265hPa時高度計會顯示在10,000m。

高度計 m	氣壓設定值 hPa
10000	265
9500	287
9000	310
8500	336
8000	363
7500	393
7000	425
6500	460
6000	498
5500	505
5000	540
4500	577
4000	616
3500	658
3000	701
2500	747
2000	795
1500	846
1000	899
500	955
0	1013

飛行的實際高度必須先在高度計中設定0m的氣壓，不過因為高度較高所以比較安全。

若設定值維持在1,013hPa，偵測到的氣壓會是616hPa，高度計會顯示為4,000m。

若將設定值設為955hPa，此時偵測到的氣壓值就會是577hPa，高度計顯示4,000m。

因為實際高度為3,500m，相當危險。

實際高度：4,000m

0m的氣壓：設定QNE＝1,013hPa

0m的氣壓：設定QNH＝955hPa

如何決定巡航高度？

以耗油率最大的高度決定巡航高度

　　巡航是指飛機維持一定高度的水平飛行，也是在飛行的過程當中費時最長的一個階段，因此，在巡航中能夠提升耗油率就變成相當重要的一環。以汽車來說，耗油率意指每公升（L）汽油能前進的距離，在航空界稱為續航力。

　　不過，當飛機以水平飛行進行巡航時，仍是以機首稍微上揚的狀態飛行，理由是飛機越往高空爬升空氣越稀薄，所以必須要將機翼的迎風角度加大，才能保持穩定的升力。也就是說，一旦空氣變得稀薄，飛機就必須要提高升力係數以補足不足的空氣，以維持升力。但是阻力係數基本上是不變的，這意味著隨著空氣變薄阻力也會同時變小，因此噴射機在較高的地方進行巡航，有助於提升耗油率。

　　但是並不是飛得越高耗油率就會越好，因為阻力係數也會同時隨著飛機姿態變化而急遽增加。就像我們坐在車內把手伸出車窗外，可以感受到手掌心平放再慢慢增加手部傾斜角度時，風壓會突然變大，這兩者的原理是相同的。隨著空氣逐漸變薄，若維持升力的姿態角度過大，原本穩定的阻力係數也會突然變大。如此一來，阻力變大，飛機便不得不為了維持速度增加推力，耗油量也會變差。於是我們可以知道，隨著高度變化，耗油率也會有所改變，因此存在著能夠讓耗油率維持在最佳狀態的高度，這樣的高度稱為最佳高度，這也是飛機選擇巡航高度時的重要因素之一。

耗油率隨著飛機姿態的不同而改變

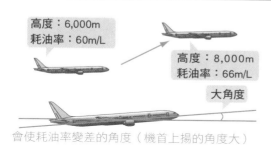

高度：6,000m
耗油率：60m/L

高度：8,000m
耗油率：66m/L

大角度

會使耗油率變差的角度（機首上揚的角度大）

最佳角度

對耗油率最好的角度（最佳的機首上揚角度）

噴射客機飛行高度越高，耗油率越好，但並不是越往上飛耗油率就會越好。

當飛機重量過重仍然往較高的高度前進時，為維持升力的姿態就會變差，使阻力突然增加導致耗油率變差。

對耗油率最好的飛行姿態的高度名為最佳高度。

最佳高度

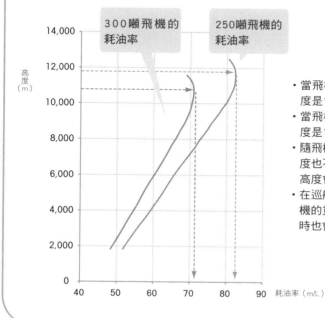

300噸飛機的耗油率

250噸飛機的耗油率

高度（m）

14,000

12,000

10,000

8,000

6,000

4,000

2,000

0

40　50　60　70　80　90　耗油率（m/L）

- 當飛機重量為300噸時的最佳高度是10,700m、71m/L。
- 當飛機重量為250噸時的最佳高度是11,900m、82m/L。
- 隨飛機重量不同，巡航的最佳高度也不同，因此飛機的最佳巡航高度會再起飛時的重量決定。
- 在巡航中隨著燃料逐漸消耗，飛機的重量也會減輕，最佳高度同時也會往上提升。

5-19 巡航的主流是「經濟巡航」

巡航方式各式各樣

　　前一節我們針對最佳高度也就是對耗油率來說最合適的高度做了一點介紹，不過，既然有對耗油率最好的高度，那麼大家一定也會好奇，是否也有對耗油率來說最合適的速度呢？

　　首先，當飛機飛行速度慢時，因為飛機姿態不佳（為維持升力而必須加大機首往上揚的角度）所以阻力較大、耗油率也差。不過隨著飛行速度加快飛機的姿態也會變好，也能改善耗油率。但是，由於速度每提升兩倍，阻力也會同時變大，所以耗油率也會隨著速度的加快而變差。

　　以實際的例子來說，速度和耗油率的關係可以用一條平緩的山形曲線表示，由此可知讓耗油率提高到最大值的速度是存在的，於是以最大值耗油率的速度進行巡航的飛行方式，稱為「最大航程巡航速度」（MRC；Maximum Range Cruise），如果用最大續航距離巡航，航行消耗的燃料將會最少。但是，最大航程巡航速度有個缺點就是速度會稍微比較慢一些。不過還好耗油率的變化和緩，所以即使犧牲掉一點耗油率，也能預測到能夠增加不少速度。因此，有一種能夠用只犧牲1％的耗油率來增加巡航速度的巡航方法，稱為「長程巡航」（LRC；Long Range Cruise）。

　　然而，還有一種巡航方式不只考慮耗油率，也重視人事費用、保險金、降落費之類的時間成本，將這些與航行所需的全部成本列入考慮的速度巡航方式，稱為「經濟巡航」（ECON；ECONomy cruise），這也是目前巡航方式的主流。此外，在競爭情況較高的路線和商務旅客較多的路線中，也有以縮短飛行時間為目的，用穩定又快速的速度（0.86馬赫等）巡航的高速巡航方式。

耗油率最佳的速度

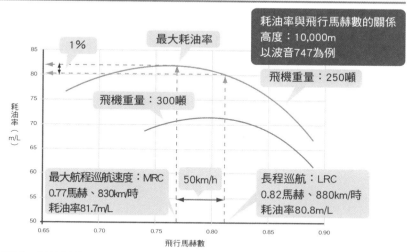

耗油率與飛行馬赫數的關係
高度：10,000m
以波音747為例

1%

最大耗油率

飛機重量：250噸

飛機重量：300噸

耗油率（m/L）

最大航程巡航速度：MRC
0.77馬赫、830km/時
耗油率81.7m/L

50km/h

長程巡航：LRC
0.82馬赫、880km/時
耗油率80.8m/L

飛行馬赫數

・如圖所示，最佳耗油率的飛行馬赫數確實存在，而以此速度巡航的方式我們稱為「最大航程巡航速度」。此外，由於耗油率的變化較和緩，所以可以得知，即便加速，耗油率的耗損也較小。因此，若是只用犧牲最佳耗油率的1%就能得到的速度巡航方式，就稱做長程巡航。

各種巡航方式

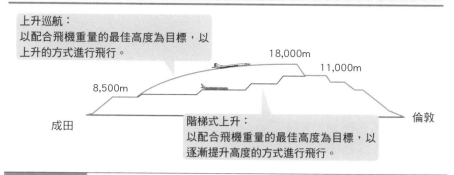

上升巡航：
以配合飛機重量的最佳高度為目標，以上升的方式進行飛行。

18,000m

11,000m

8,500m

成田

倫敦

階梯式上升：
以配合飛機重量的最佳高度為目標，以逐漸提升高度的方式進行飛行。

高速巡航	以縮短飛行時間為目的的巡航方式，例如在飛行當中維持0.86馬赫等一定馬赫數，通常這種巡航方式多用於競爭激烈的航線和商業路線上。
最大航程巡航速度	意指能夠得到最佳續航率（耗油率）的速度巡航方式。從巡航速度來看雖然比較慢，但是這種巡航方式，大多運用在貨物專用機等重視耗油率更勝於時間的飛機上。
長程巡航	犧牲1%最佳續航率（耗油率）的速度巡航方式。多運用在飛機要前往目的地之外的機場或決定臨時降落時。
經濟巡航	主流的巡航方式，這種巡航方式在速度上不只考慮燃料費用（耗油率），也加入時間成本（維修費、保險費、人事費等受時間影響增減的經費）考量的巡航方式。

5-20 飛機用多大的力量巡航呢？

飛行員絕對不會靠近的黑暗領域

　　當飛機正在進行水平飛行時，推力與速度的關係就和我們在看耗油率的狀況一樣：當用慢速度飛行時，就像飛機往高空飛時空氣變稀薄時的飛機姿態一樣，為了維持支撐飛機的升力，飛機會呈現擴大迎風面角度的狀態，因此阻力也會增加。然而因為只要飛機速度加快姿態就會變好，阻力也會減少，此時阻力和速度的兩倍成正比的狀況就會變得相當明顯，轉變成一到某個速度就會使阻力增加的情況。如果把這種阻力和速度的關係畫成圖表，就像鍋子底部的曲度一樣。

　　飛機在水平飛行時因為（推力）＝（阻力），所以這時的阻力稱為「必要推力」，它位在鍋子底部，數值最小的地方。而這個必要推力，也就是阻力數值最小的速度則稱為「最小阻力速度」。在用最小阻力速度飛行時升阻比會最大，但對於噴射客機來說，這並不是能夠產生最佳耗油率的速度（對螺旋槳飛機來說則是最佳耗油率的速度）。即使這個速度能在每個時間內流動最少的燃料，但卻因為速度實在太慢導致最重要的距離上無法飛得太遠。相對的，由於每個時間內的耗油率較少，所以這種速度大部分都使用在需要累積時間的飛行時，例如在空中待機之類的情況。

　　但是，在這個最小阻力速度以下的速度領域之中，到失速之前的飛行狀況也都是相當不穩定的狀態，這是因為為了維持飛機的速度，它必須調整推力到比它原本所需的推力還要高的推力。在這個速度範圍內的速度稱為「黑暗領域」（black side），飛行員絕對不會減速到這個領域內。因此，比起接近不安定領域中的最小阻力速度，以稍快的速度在空中待機的飛機還是多數，畢竟，比起耗油率來說，飛機的安定更為重要。

必要推力

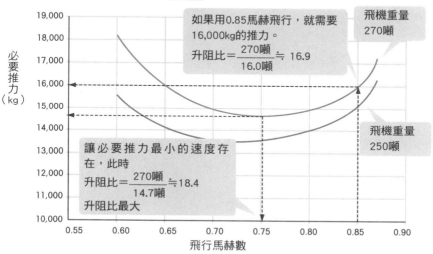

飛行速度與必要推力
高度：10,000m，以波音747為例

如果用0.85馬赫飛行，就需要16,000kg的推力。

升阻比＝$\dfrac{270噸}{16.0噸}≒16.9$

飛機重量 270噸

讓必要推力最小的速度存在，此時

升阻比＝$\dfrac{270噸}{14.7噸}≒18.4$

升阻比最大

飛機重量 250噸

必要推力（kg）

飛行馬赫數

何謂黑暗領域？

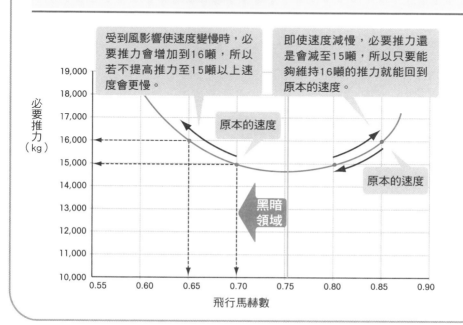

受到風影響使速度變慢時，必要推力會增加到16噸，所以若不提高推力至15噸以上速度會更慢。

即使速度減慢，必要推力還是會減至15噸，所以只要能夠維持16噸的推力就能回到原本的速度。

原本的速度

原本的速度

黑暗領域

必要推力（kg）

飛行馬赫數

如果飛機重量越重下降的速度會越慢嗎?

下降時也和上升一樣

當安定的引擎聲變安靜,就是飛機開始下降時,而飛機降落時的力量關係,幾乎就和飛機往上爬升時一樣,只是將阻力和升力位置相互交換而已。不過因為機首向下所產生分散飛機重量的分力會和飛機上升時相反,所以是往前方前進的方向加重。順帶一提,滑翔翼之所以能在天空飛翔,是利用自己的重量分力往前進。

然而,就像5-13提到過的,在飛機爬升時,速度穩定、爬升率和爬升坡度是放任它自然形成的。但是飛機下降時不只速度穩定,就連爬升率和爬升坡度都可以設定成固定等等,能夠自由選擇這一點是它最大的特徵。例如當我們希望以指定的高度通過某一定點時,可以利用結合巡航高度和指定的高度得到的下降角度。在這個狀態下,下降率和下降速度會逐步變化。

飛機下降的速度越快,下降的時間和距離就會越短,相反的,下降速度越慢,下降的時間和距離就會拉長。因此,飛機下降有分高速下降與低速下降兩種方式,如此不同的特色各自被活用在適合的航程上。

但是以同樣速度下降時,越重的飛機需要的下降時間和距離就越常。也就是說,若下降速度相同,越重的飛機越需要緩慢的降落。如同上升時是越重的飛機上升越困難,飛機下降的狀況也完全相同的。以同樣速度下降時,重量越重的飛機為了要維持升力會比重量輕的飛機迎角還要大,因此下降角度會比較淺(雖然這麼說但其實並不明顯)。

飛機下降時的力量關係

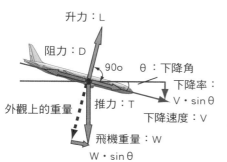

下降時的力量關係
D＝T＋W・sin θ
L＝W・cos θ

升力：L

阻力：D

90o　　θ：下降角

下降率：
V・sin θ

外觀上的重量　　推力：T

下降速度：V

飛機重量：W

W・sin θ

$$（下降率）=\frac{（阻力）-（推力）}{（飛機的重量）}×（下降速度）$$

$$（下降角）=\frac{（阻力）-（推力）}{（飛機的重量）}$$

越慢越能緩慢下降

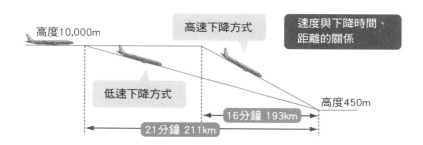

速度與下降時間、
距離的關係

高度10,000m

高速下降方式

低速下降方式

高度450m

16分鐘 193km

21分鐘 211km

越重越能緩慢下降

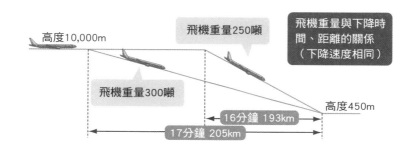

飛機重量與下降時
間、距離的關係
（下降速度相同）

高度10,000m

飛機重量250噸

飛機重量300噸

高度450m

16分鐘 193km

17分鐘 205km

何謂飛機下降中的閒置力？

引擎煞車的功用

下降中的飛機引擎是停留在出力最小的閒置狀態上，以汽車來說就是腳離開加速踏板的狀態。噴射引擎在飛機下降時的推力雖然說是閒置狀態，但絕對不是零，因此噴射客機在下降時必須注意，它不像滑翔翼一樣可以空中滑行而不考慮推力的。

噴射引擎的推力大小，是由用多快的速度將吸入的空氣噴射出去來決定，然而，因為噴射引擎必須用比飛行速度還要快的速度將空氣噴射出去飛機才會開始運動，否則就將無法發揮力量。此外，在4-08也有提過，為了區別兩種推力，在說明手冊上的推力名為「總推力」，而會隨著飛行速度變化的推力為「淨推力」，在閒置時的總推力和使用的引擎也有關，不過約有1噸的力量，其證據就是即使在陸地上，引擎閒置時也能往前滑行。但是，在飛機下降時的引擎閒置，在降落到低高度之前空氣的噴出速度會漸漸低於飛機速度，因此，不會產生讓飛機往前的推力。就數字來說，雖然看得出是有產生力量，但是在淨值上可以知道它出的力比飛行速度還要小。而這也是不等於零的負數力量，也就是在這個情況下它也成了阻力的一部分，就像在坡道上使用汽車的引擎煞車功能一樣。

綜合上述可得知，飛機下降中的力量關係由於飛機下降時機首朝下，所以分散飛機重量的分力就變成前進的力量，而此前進的力量和空氣的抵阻力，也就是阻力＋負數的推力有著連接性的影響。另外，不論飛機的姿態如何，在飛機前進方向的垂直角度永遠都會有升力產生支撐著飛機。

飛機下降中的推力不是零

$$推力 = \frac{（吸入空氣的質量）}{（單位時間）} × （空氣噴出速度－下降速度）$$

若下降速度：700km/時（194m/秒）
空氣噴出速度：660km/時（183m/秒）
吸入的空氣：890kg/秒，推力就會是

$$推力 = \frac{890kg秒}{9.8m/秒^2} × （183m/秒－194m/秒） = -1,000kg$$

1噸阻力
660 km/時
700km/時

空氣噴出速度

下降速度

下降速度＞空氣噴出速度，代表吸入的空氣沒辦法使飛機運動，所以在淨推力上等於沒有出力，此時的推力是負數狀態的阻力，它的功能就像在坡道上使用汽車的引擎煞車一樣。

下降率與下降角度

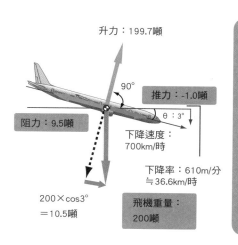

升力：199.7噸

90°

推力：-1.0噸

θ：3°

阻力：9.5噸

下降速度：
700km/時

下降率：610m/分
≒36.6km/時

200×cos3°
＝10.5噸

飛機重量：
200噸

下降率＝

$$\frac{（阻力）－（推力）}{（飛機重量）} × （下降速度）$$
＝9.5－（-1.0）/200×700
≒36.6km/時（610m/分）

下降角度＝$\frac{（阻力）－（推力）}{（飛機重量）}$
＝9.5－（-1.0）/200
＝0.0525（弧度）
＝3°

5-23 加壓不是指把壓力增加到1大氣壓

飛機下降時會耳鳴的原因

　　有些飛機從製造至今已經過了1世紀，到現在仍還在天空上執勤。就像高空跳傘等飛行器也是利用相同的原理飛行一樣，這些飛機都是「沒有加壓裝置的飛機」，也就是駕駛艙和客艙的氣壓與其所在飛行高度的氣壓是相同的。它們之所以還能使用的原因，是因為機內壓力與外氣壓力相同，所以不會有多餘的力量運作，對金屬的傷害也比較小。

　　但是，像噴射客機一樣經常在平流層以上高度飛行的飛機就一定需要加壓，不過只要飛機使用加壓裝置將機艙內的壓力保持穩定，機艙內部的壓力就會和飛機飛行高度的外部氣壓產生壓力差，而這個氣壓差對飛機本身會造成不良影響。例如在10,000m的高空中，氣壓會下降到0.26大氣壓，在這樣的高度內，如果飛機內部的氣壓維持在1大氣壓，機內與機外的氣壓差就到達0.74。而這個氣壓差意味著它能夠讓飛機膨脹的力量達7.6噸/m²之多。於是，通常會將機內氣壓增加到稍微比1大氣壓還要小一點的程度，讓機內與機外的氣壓差縮小，減少施加在機身上的壓力，雖然說會讓機內的氣壓改變，但並不是一次就讓氣壓減少到需要的數值。因為人類的耳朵對氣壓上升比較敏感，所以要減少氣壓時最多減少150m/分，而回到1大氣壓時則會比氣壓減少時減少的還要少，以最多100m/分的比例改變氣壓。順帶一提，日本最快的電梯上升和下降的速度據說是750m/分。以飛機來說，飛機大概以這部電梯的1/5以下的速度讓機內的氣壓上升和下降。此外，機內之所以會有發送糖果的服務，是因為在口中含糖果能減輕耳朵的不適感。

飛機高度與客艙的氣壓

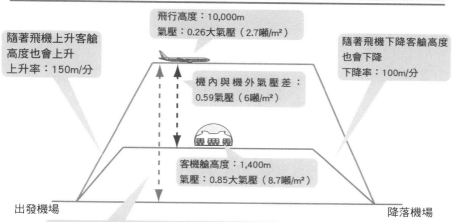

飛行高度：10,000m
氣壓：0.26大氣壓（2.7噸/m²）

隨著飛機上升客艙
高度也會上升
上升率：150m/分

隨著飛機下降客艙高度
也會下降
下降率：100m/分

機內與機外氣壓差：
0.59氣壓（6噸/m²）

客機艙高度：1,400m
氣壓：0.85大氣壓（8.7噸/m²）

出發機場

降落機場

若客艙氣壓和陸地氣壓相同，飛機就會被加極大的力量。
氣壓差：0.74大氣壓（7.6噸/m2）

機內氣壓不能低於陸地氣壓的75%以下

DC-3：1930製造，現在仍在使用當中。由於機內沒有加壓裝置所以不會有多餘的力量施加在飛機身上，使用期限才得以拉長。

飛機飛行高度的氣壓和客艙的氣壓差一直維持在6噸/m²，因此在飛行高度到達7,000m以下時客艙的氣壓會與陸地氣壓相同，若飛行高度超過7,000m，為了維持此氣壓差則會降低客艙的氣壓。但是下降的程度最多只能到陸地的75%，以高度來說是到2,400m為止。

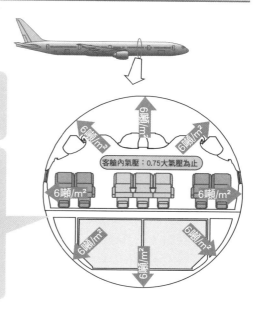

6噸/m²

6噸/m²

6噸/m²

客艙內氣壓：0.75大氣壓為止

6噸/m²

6噸/m²

6噸/m²

6噸/m²

5-24　飛機在盤旋時重量最重！

傾斜角30°的重量是一般的1.15倍

　　當飛機接近降落機場時，在機場周圍飛機大幅度轉彎的機率也增加了。飛機在空中轉彎，也就是改變方向的行為稱為「盤旋」。而飛機在盤旋時一定是傾斜著改變方向，這是為什麼呢？一起來想想看吧！

　　飛機在盤旋時，即使所旋轉的方向極小，也可以想見這一定是個圓周運動。試想，若我們將飛機用繩索綁住並任其旋繞，便可以理解原本想要直行的飛機因為被繩索拉住，所以才能夠旋轉。由此可知，飛機要改變方向不只有速度大小的問題，同時也需要轉向的力量，因此我們稱這一股將飛機往中心方向拉的力量為向心力。但是飛行員感受到的力量卻是和向心力完全相反的力道，是一股飛機似乎要被拋到圓周以外的力量，這股外觀上的力量（慣性力）也就是離心力。正因為有這同心力和離心力這兩股力量在拉扯，才會使飛機產生像是被不會斷的繩索綁住似的力量，進行旋轉動作。

　　實際上飛機在旋轉時，為了取代繩索產生向心力，機身必須要傾斜。即使是摩托車，若沒有傾斜就轉彎，就會被拋到轉彎的曲線之外。這是因為飛機必須利用傾斜，使向心力和離心力產生作用才能完成轉彎的動作。

　　在此同時，升力會產生在和傾斜機翼成90度角的位置，但是由於飛機的重量還是朝向地球的中心加壓，所以（升力）≠（飛機重量），而是飛機重量和離心力的合力，會使飛機比實際的重量還要重。假設客機旋轉時最大的角度為30°，即使如此重量還是會變成原本重量的1.15倍（不論是飛機的重量或人的體重）。因此，當飛機的傾斜角度越大，飛機的重量就會比實際的重量還要重，所以此時也需要增加支撐飛機的升力。

當飛機傾斜時

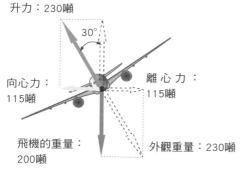

升力：230噸

30°

向心力：
115噸

離心力：
115噸

飛機的重量：
200噸

外觀重量：230噸

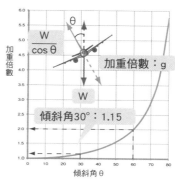

外觀重量＝200/cos30°
　　　　≒230噸
向心力＝（外觀重量）×sin30°
　　　　≒115噸

加重倍數

$$\frac{升力（外觀重量）}{飛機重量} = \frac{1}{\cos\theta}$$

飛機需要多長的距離轉彎呢？

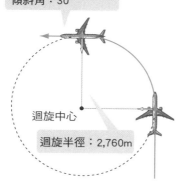

飛行速度：450km/時
傾斜角：30°

迴旋中心

迴旋半徑：2,760m

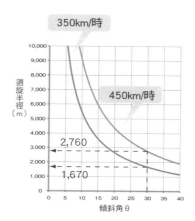

即使在濃霧中飛機還能找到跑道的原因

飛行在無線電波所搭建的「滑行臺」上

　　當在機上聽到廣播說：「本機即將降落，請各位乘客再次繫好安全帶」時，窗外景色竟全部是雲霧，你一定也曾經懷疑過，在這樣的狀態下飛機到底是如何找到機場跑道的位置吧？以下就來簡單地想想看吧！

　　大型飛機的最大幅度（從左翼尖到右翼尖）大約是60～65m，左右的主輪架幅度大約是10m左右，相較於此，機場跑道的幅度大概是45m或者是60m，所以飛機必須知道要如何正確地到達飛機跑道的適當位置。因此，為了讓駕駛找到飛機與跑道之間的正確關係，在跑道上設置著中央線等標誌，以及用來告知飛行員正確降落角度的照明器具——精確下滑指示燈（PAPI；Precision Approach Path Indicator）等。但問題是特別在那些位於海邊或山區的機場，因為這些機場經常被霧氣及低層雲系籠罩，常常讓飛機在要降落當下還看不清楚跑道在哪兒。

　　於是，在這種情況下只有無線電波還能發揮作用。這是一種名為儀器降落系統（ILS；Instrument Landing System）的陸地支援設備，利用在跑道附近發射兩種肉眼看不見的無線電波，讓飛行員能夠清楚看到飛機和跑道的精確位置關係。其中左右定位信號（LLZ；Localizer）就是一種無線電波，用來告知飛行員跑道在哪個方向，而滑翔無線信號（glide slope）則是用來指示最合適的下滑路線（下降路線）的無線電波。只要飛機的收訊裝置接收到這些無線電波，便可藉由儀器的指示找到適當的方向，以及適切的角度往跑道降落。也就是說，飛機藉由搭乘無線電波的「滑行臺」，能夠安全並確實地降落。

ILS是無線電波的滑行臺

當接收到標示無線電訊息時就會開始閃爍。

從左右定位臺傳來的偏差訊息。

從滑翔無線臺傳來的偏差訊息。

左右定位信號：從跑道中心線傳來飛機左右偏差幅度的無線電波。

跑道

滑降臺（glide path）：從降落角度（2.5°～3°）傳送來的通知上下角度偏差值的無線電波。

跑道

內信標臺（inner marker）：從跑道通知飛機已接近30m高度的無線電波。

中信標臺（middle marker）：從跑道通知飛機已接近60m高度的無線電波。

外信標臺（outer marker）：通知飛機到達降落地點的無線電波。

飛機的位置與儀器

往正確的降落路線之下偏移

往跑道中心線的右邊偏移

跑道在左邊

過低

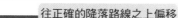

往正確的降落路線之上偏移

往跑道中心線的左邊偏移

跑道在右邊

過高

客機的降落距離大概是多少？

降落是從哪裡到哪裡？

　　所謂的降落距離，指的是用15m的高度通過跑道起點，從接觸地面起到完全停止之前的水平距離。從飛機接觸地面到停止，需要制動裝置（煞車），但飛機的制動裝置具有普通煞車沒有的工夫。

　　首先，在飛機接觸到地面的同時，機翼上的減速板（擾流板）就會同時立起。立起這些小板的目的除了增加空氣阻力之外，主要是希望藉此減少升力產生，如此一來飛機的重量就會落在輪胎上，以加強煞車的效果。

　　接著引擎會發出加大出力的聲音，這不只是因為產生往前進的推力發出的聲音，同時也是逆噴射的聲音。不論引擎如何閒置，飛機前進的力量都不會是零，這和飛機停止是完全相反的行為。因此，比起讓引擎往前方噴射，還是讓引擎參加幫助飛機停止的工作比較有用。但是一旦引擎故障，噴出的力量就無法左右對稱，考慮到操作上的困難，所以不事先算出降落距離。此外，車輪煞車是利用防滑裝置防止滑動和輪胎鎖住的情形，讓煞車系統能有效地產生最恰當的效果。

　　同上所述，每架飛機都希望能用更短的距離讓滑行停止，而且都在這點上下足了功夫。然而，和飛機起飛時一樣，為了讓飛機也能有充裕的降落距離，會預先將實際的降落距離除以0.6，反過來說就是將乘以1.67倍的距離當作降落時所需的距離。

客機的三種煞車裝置

減速板　　　　　引擎逆噴射　　　　　車輪煞車

飛機一落地全部的減速板便會立起，負責抑制升力產生，並將飛機所有的重量都移轉至輪胎，以便讓車輪煞車發揮效果。

不只讓引擎的推力轉變為零，也藉由往前方噴射空氣產生向後的反制力量，功能在加強制動效果。但是有事先算出降落距離時不使用逆噴射。

利用高性能的碟煞讓輪胎從高速至完全停止，是最主要的煞車裝置。

降落所需的距離是？

降落所需距離＝實際降落距離/0.6

通過機場跑道頭

落地　　　　　　　完全停止

15m

←　300m　→←　　　660m　　　→

←　　實際降落距離960m　　→

←　　　降落所需距離1,600m　　　→

960÷0.6＝1,600
為了讓降落距離比實際降落距離更加充裕的空間，並考慮到風的變化莫測等狀況，所以將實際降落距離除以0.6得到的值作為降落所需距離。也就說，若將這架飛機的降落所需距離登載至說明書，就必須是1,600m。

各種種類的簡報類型

　　每當飛行員要進行飛行任務前，必須要實行如下所述的多項簡報工作（協商、說明、報告）。

· 簽派簡報（dispatch briefing）

　　與航管人員在出發前舉行的整體飛行計畫事項，並在此時決定飛行高度、路線、燃料量、飛機重量等與航運相關的全部事項。

· 與地勤技師進行簡報

　　與技師進行針對機內準備狀況和燃料量等相關事項的報告，從換電燈泡到交換引擎，包含故障的原因和交換的理由等關於飛機的詳細準備狀況都要進行說明。

· 與機艙內機組員進行簡報

　　主要是與機組員說明飛行高度和路線、預測的搖晃情形、乘客與客艙裝備的狀況，以及確認發生緊急情況時的處理方法等。

· 關於實際飛行操作上的簡報

　　實際負責操控飛機的飛行員稱為PF（pilot flying），負責其他業務的飛行員為PNF（pilot not flying）。簡報由PF進行，主要內容為確認起飛時的飛行路線和速度以及其他事項、發生故障狀況時的處置方法與想法、分配工作內容等。在飛行任務結束後也必須與航管人員對機場與航行路程上的天候狀況等進行報告。

第6章

噴射客機的安全政策

每架飛機都設計了好幾層的備用計畫，
並且在準備好當發生引擎故障或火災等各種緊急
狀況的處置方法，才能在空中航行。為了處理這些狀況，
飛行員每年都必須要
不斷地重複接受這些訓練和審查。
在本章裡，將針對飛機的安全政策進行簡單的說明。

6-01　在飛機上為什麼要關閉行動電話？
飛機對於機內的外來電波很敏感

　　只要打開手機電源，即使沒有通話，手機和附近的無線電發送臺之間，也會因為進行登錄位置資訊而有無線電通信的往返。因此，若沒有關閉手機電源就放在飛機上進行遠距離移動，手機為了登錄位置就會頻繁地和陸地上的無線電波發送臺進行無線電波交流。也就是說，即使沒有進行通話或使用簡訊，手機也會不停地發出電波。因此，在搭機時一定要把手機電源關閉。

　　那麼，為什麼不能在機上發出電波呢？這是因為飛機雖然不會被外部發出的強力電波影響，但是卻很容易被從內部所發射出，意料之外的微弱電波影響。如果機內突然有預料之外的電波發出，這個對飛機內部來說根本無法想像的東西就會變成天線使電波增幅，最後很可能會變成更強的電波使飛機的裝置（電腦和其他無線電裝置等）故障而造成影響。

　　這個影響就像打雷時收音機會產生雜音的情況相同，稱為電磁波干擾。如果只是像雜音一般的干擾程度就還好，但一旦數位訊號受到影響，例如像是在脈衝信號中多出了一座山這種程度的變化，訊號本身傳達的資訊就會完全錯誤，造成裝置錯誤判斷和儀器發出錯誤指示等情況。此外，飛機內部使用的微波爐有不會讓電磁波外洩的特殊設計，和一般家庭使用的微波爐完全不一樣。

　　即使飛機在陸地上，飛行員也會在機上的電腦輸入資料，或者是和管制人員利用無線電頻繁地進行通訊。因此，飛機如果在起飛、降落時，受到電磁波干擾而造成儀器類機械產生錯誤動作或是讓航空無線電故障，都是非常危險的事情。

長時間禁止使用（長時間內關閉電源）

能夠發出強烈電磁波的代表性電子儀器

手機　　　電子遊戲機（可無線對打等）　　　電腦間通訊

無線滑鼠、無線耳機、無線鍵盤、防止走失的資訊電子標籤、附無線通訊功能的計步器、附無線通訊功能的心率監測器、附無線通訊功能的手錶、無線電玩具、電子收發器、PDA等。

起降落時禁止使用（起降落時關閉電源）

使用時會產生強烈電磁波的代表性電子儀器

電子遊戲機　　　筆記型電腦　　　數位隨身聽　　　數位相機
（關閉無線功能就沒有）

充電器、GPS收信機、印表機、耳機（例如：消除雜音功能的耳機）、對聲音會產生反應的玩具、電視、收音機、BBCall、攝影機、DVD放映機、電子字典等

可以長時間使用的電子儀器

計算機　　　卡帶式錄音機　　　電鬍刀

中止啟動的引擎時

能再次啟動嗎？

　　在啟動汽油引擎時，有時會因為火星塞的電極沾到燃料的燃渣（煤炭）引起漏電，使火星塞無法放電，也就是所謂「被蓋住了」的狀態，造成引擎無法啟動。而噴射引擎也會出現無法發動，或者是不得不中止啟動的狀況。

　　其中的代表就是所謂的熱啟動（hot start）狀態。通常引擎在啟動時是慢慢地增加燃料，但一旦因為燃料控制系統出錯，一次就流入太多燃料，就會引發引擎的異常燃燒狀況。因此，飛行員一定都要先監控第一批流入引擎的燃料量。此外，也必須注意從引擎後方吹襲而來的強風。因為如果引擎沒有經過充足的轉動，空氣和燃料的比例就會不平衡，增加異常燃燒的可能性，因此讓引擎與風向正面相對比較容易再次啟動。

　　除此之外還有許多關於引擎無法啟動的狀況，不過要再啟動時所必須注意的要點都一樣，就是如果有燃料殘留在引擎內部很有可能造成引擎內部發生火災。因此，在重新啟動引擎之前飛行員都會先讓引擎充分地空轉，將剩餘的燃料從排氣口排出。

　　但是，如果因為一些理由造成引擎在空中就停止運轉時，還能再啟動嗎？答案是「可以的」。因為飛機在空中飛行，所以引擎就像風車一樣呈現自然地旋轉的狀態，藉由此種自然旋轉，就算沒有啟動裝置的幫助也能夠啟動。順帶一提，之前曾經有因為受到火山灰的影響（由於火山灰熔化的溫度和渦輪的入口溫度相同）而造成飛機全部引擎停止的狀況，不過最後仍能再次成功地啟動。

中止引擎啟動時

名稱	現象	主要形成原因
熱啟動	排出氣體的溫度突然上升超過限制值	流入過多燃料 強烈逆風
濕啟動	在預定的時間裡燃燒室的燃料仍未點燃	點火器不良 燃料不流動
緩慢起動	壓縮機轉動的加速非常緩慢，也有排出氣體溫度突然上升的現象	燃料流量過少 強烈逆風 啟動機旋轉不足
引擎熄火	產生巨大聲響和震動，排氣口出現火花	流入空氣紊亂 加速預定表錯誤

其他：在監視啟動機軸是否損壞、風扇是否停止旋轉、壓縮是否空氣不足、啟動機的使用限制時間等狀況時，一旦查覺這些狀況引擎就會停止啟動，並從引擎後方放出燃料讓引擎空轉。

在空中也能啟動嗎？

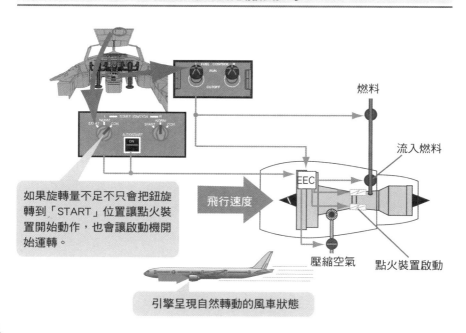

如果旋轉量不足不只會把鈕旋轉到「START」位置讓點火裝置開始動作，也會讓啟動機開始運轉。

飛行速度

燃料

流入燃料

EEC

點火裝置啟動

壓縮空氣

引擎呈現自然轉動的風車狀態

6-03 　如果起飛時引擎故障怎麼辦？

應該繼續前進還是停下來？時間點是關鍵

　　對於飛機來說，引擎故障不像汽車故障一樣可以停下來檢查，所以是很嚴重的問題，不過在起飛時引擎如果故障會引發什麼問題呢？

　　首先，當飛機正要往跑道前進並在引導路線上滑行時，引擎若是發生故障，只要回到出發閘門就可以解決。此外，即使是輪架剛離開跑道後馬上故障，也可以在上升到安全高度之前進行處置後再折返就沒有問題了。主要會產生問題的是從飛機開始進行起飛滑行後，到為了讓飛機浮起而開始要將飛機往上拉時的速度V_R之間。

　　在速度還不是很快時，就算引擎故障也能夠馬上停止起飛，沒有任何問題，但是如果決定要利用剩餘、沒有故障的引擎繼續加速起飛時，就不能保證飛機能夠在有限的跑道內成功起飛。相反的，在輪架離開地面的瞬間速度下引擎發生故障，就算決定要暫停起飛，也同樣無法保證能在有限的跑道內讓飛機完全停止。

　　也就是說，決定繼續起飛當時的速度越快，起飛距離就會越短，決定暫停起飛當下的速度越快，到飛機完全停止之前的距離就要越長。當然我們一直都希望能夠在剛好的時間點內決定是否要起飛，最好的情況是能夠在雙方的交界點剛好滿足兩方的要求。只要在這個速度的時間點內決定，不論是要繼續還是要停止起飛，都能夠在最短的距離內完成。這個交點的速度稱為V_1，如果引擎在比這個速度慢時故障，就會停止起飛，比這個速度快時，就可以繼續起飛。

192

當V₁太慢時

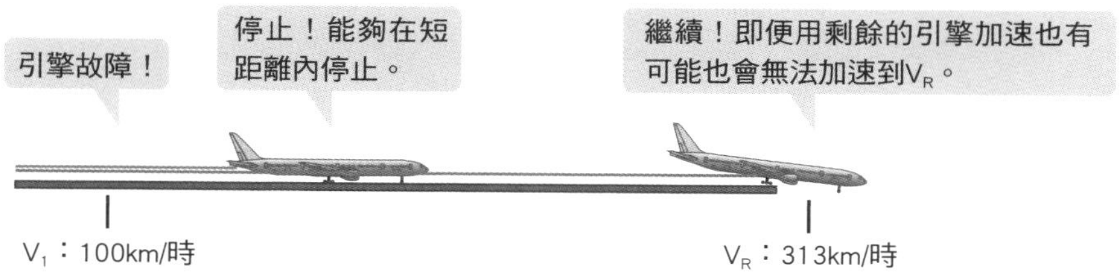

引擎故障！

停止！能夠在短距離內停止。

繼續！即便用剩餘的引擎加速也有可能也會無法加速到V_R。

V_1：100km/時　　　　　　　　　　V_R：313km/時

當V₁太快時

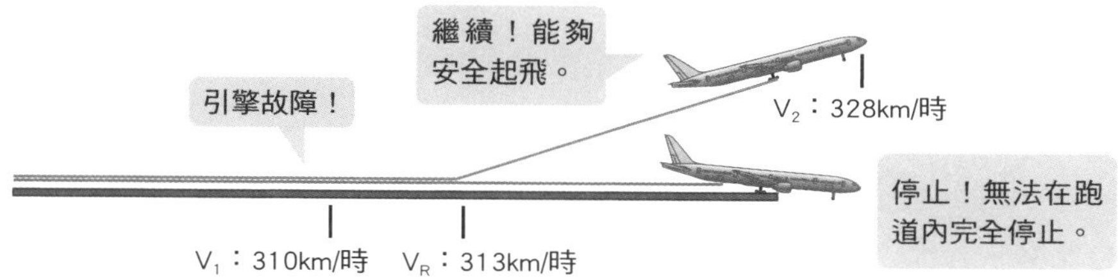

繼續！能夠安全起飛。

V_2：328km/時

引擎故障！

停止！無法在跑道內完全停止。

V_1：310km/時　　V_R：313km/時

當V₁剛好時

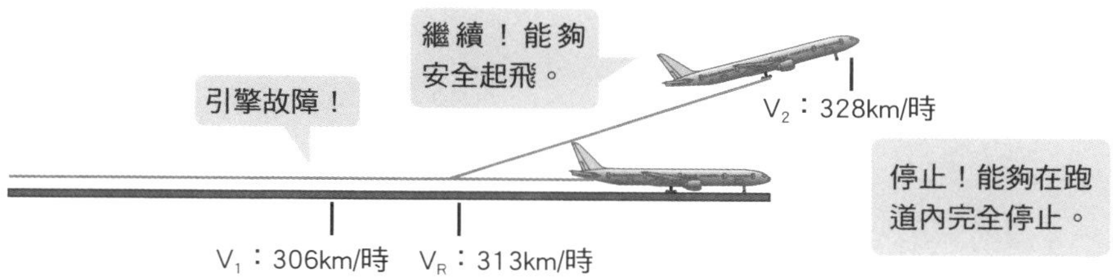

繼續！能夠安全起飛。

V_2：328km/時

引擎故障！

停止！能夠在跑道內完全停止。

V_1：306km/時　　V_R：313km/時

何謂V₁？

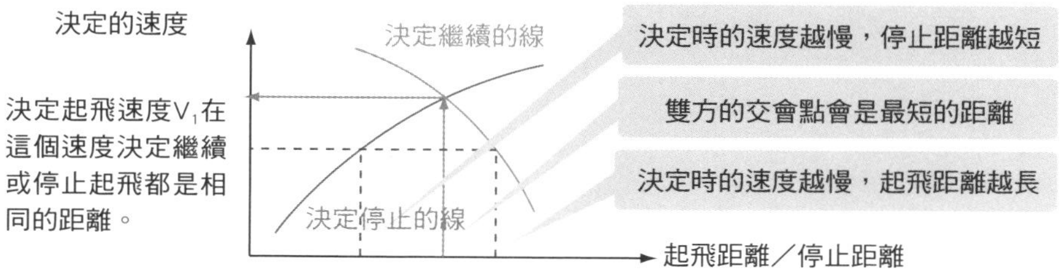

決定的速度

決定起飛速度V_1在這個速度決定繼續或停止起飛都是相同的距離。

決定繼續的線

決定停止的線

起飛距離／停止距離

決定時的速度越慢，停止距離越短

雙方的交會點會是最短的距離

決定時的速度越慢，起飛距離越長

6-04 在起飛時一定要將桌子歸位的原因
考慮到萬一的情況才做的決定

　　當飛機要起飛時相信大家都聽過機內傳出「由於正要準備起飛，請各位將桌面歸位以及椅背豎直」的廣播，但各位是否有想過為什麼在起飛（和降落）時不能將餐桌放著或讓椅背繼續斜置呢？理由其實是為了在必須緊急脫逃時不會妨礙到自己或身旁的人逃生。此外，如果桌椅沒有放回原位，當飛機發生必須緊急迫降的狀況時，乘客也沒有辦法做防止衝撞的姿態（身體前屈）。

　　飛機航行時大部分的行動，都是在考慮過最壞的情況後才下的決定，例如雖然在起飛時引擎故障的機率非常低，但因為是機率不是零，因此還是必須事先預想可能會發生的狀況，並要求飛機能夠有應變此種狀況的性能。順帶一提，即使引擎的狀況再好，也可能會因為吸入鳥類造成引擎故障，這是空氣吸入口較大的渦輪扇葉引擎的宿命，通常飛機與鳥類40％以上的衝突發生在引擎，而機首附近和擋風玻璃也有大約40％的機率，剩下則是機翼等其他部位。

　　在飛機緊急迫降時，可以利用緊急逃生滑梯脫逃，因為全部的逃生出口都有逃生滑梯裝置，所以只要逃生出口的門一打開逃生滑梯就會自動在數秒內膨脹展開成溜滑梯。而這個逃生滑梯在必須緊急迫降至水上時也能變成救生艇，在被當成救生艇時，船身能簡單地從機身外部脫落。此外，常常可以看到很多人都會在就座後馬上就把鞋子脫掉（特別是國際線的乘客），不過建議大家還是在起飛後再脫鞋會比較好，因為若遇到必須逃生的緊急事件時，光腳很容易會受傷。

緊急逃生的溜滑梯

為了讓所有人都能在90秒內逃出，每個逃生出口都有設置緊急逃生梯。

緊急逃生滑梯
機內的逃生出口（登機門也是逃生門）共有10個，滑梯也共有10個。

厚實大門的內部

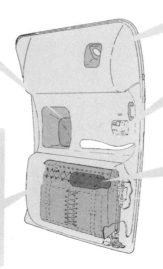

從窗口往外看，判斷是否能從這個出口逃出。

緊急照明

開關門把

緊急逃生梯：
能在10秒內膨脹並展開，變成滑梯讓乘客脫逃。在被迫緊急降落至水上時也能變成救生艇，此時船身能簡單地與飛機分離。

膨脹用高壓儲氣瓶：
讓緊急逃生滑梯膨脹用的儲氣瓶。

緊急時可以排出燃料減輕機身重量
無法用起飛時的重量降落

　　飛機起飛以後，偶爾會因為某些理由必須折返，此時如果要馬上降落，會需要花上一定的時間，主要是因為能讓噴射客機起飛的重量和降落的重量不同的關係。

　　最大重量不同的原因，是因為會受到飛機強度問題影響。通常飛機在飛行的各個階段當中，受到的最大衝擊是飛機降落的時候，而這個衝擊力道的大小會因飛機重量的不同而異。舉例來說，當一個人從高處往下跳時，身上帶的東西越重，腳部受到的衝擊力越大。飛機也完全一樣，不過如果要讓飛機能夠承受起飛時的重量降落，那麼飛機的輪架和機身就必須比原本所需的強度還要更大才行。但是，如果把飛機的輪架做得太過強壯，飛機的整體重量還是會變得更重，最後會變得像鴕鳥一樣，雖然跑得很快但就是飛不起來。

　　從以上的理由可以得知，比起能夠讓飛機起飛的最大重量（最大起飛重量）來說，飛機降落的最大重量（最大降落重量）要來得輕。通常飛機要降落時就算當下飛機的重量是最大起飛重量，但只要是不會對飛機造成損壞的強度就好，不過如果不是發生什麼緊急狀況，飛機都會將重量減輕至最大降落重量以下才降落，而此時唯一能減輕機身重量的方法就是釋放燃料。飛機釋放燃料的方法是利用燃料槽內的釋放燃料專用幫浦，在盡量不讓引擎吸入這些被釋放的燃料的情況下，從翼尖將燃料釋放出去。由於燃料是以霧狀的型態釋放，所以在空中能夠完全氣化，但是實際上在釋放燃料時通常都會將釋放場所設定在最低高度1,500m以上的海面或原野之上。

燃料被釋放之後

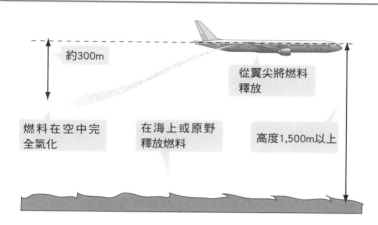

約300m

從翼尖將燃料釋放

燃料在空中完全氣化

在海上或原野釋放燃料

高度1,500m以上

釋放燃料的理由

以波音777-300ER為例

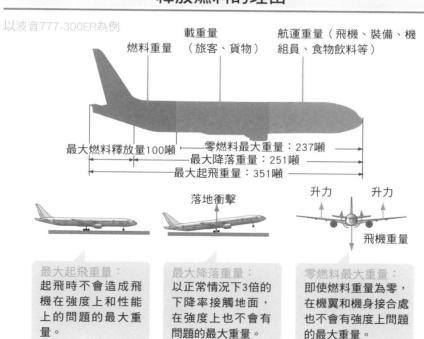

燃料重量　　載重量（旅客、貨物）　　航運重量（飛機、裝備、機組員、食物飲料等）

最大燃料釋放量100噸

零燃料最大重量：237噸

最大降落重量：251噸

最大起飛重量：351噸

落地衝擊

升力　　升力

飛機重量

最大起飛重量：
起飛時不會造成飛機在強度上和性能上的問題的最大重量。

最大降落重量：
以正常情況下3倍的下降率接觸地面，在強度上也不會有問題的最大重量。

零燃料最大重量：
即使燃料重量為零，在機翼和機身接合處也不會有強度上問題的最大重量。

6-06　引擎故障的代表事例為何？

壓縮機失速、引擎熄火、異物衝擊損傷

　　所謂壓縮機失速是指壓縮機內空氣的流量和壓力呈現的周期性變動現象，又稱為Surging或Compressor stall，也就是空氣在引擎內部的流動不再順暢，甚至發生滯留或逆流的現象。壓縮機失速有時候會對引擎造成很大的傷害，但也有馬上就會恢復正常的例子，例如因為波音727的中央引擎空氣吸入口是S型，所以當飛機在強烈側風吹襲的情況下起飛時，到達引擎吸入口的空氣氣流紛亂就容易引起壓縮機失速，不過很快就能恢復正常的狀態。

　　引擎熄火（flame out）指的是原本必須持續燃燒的燃燒室的火焰熄滅，造成引擎停止運作。造成引擎熄火的其中一項原因就是燃料沒有流入燃燒室，其它也有像是因為燃料控制裝置不適用，導致總開關等部分一時之間關閉等情況，才會引起這樣的結果。此外，也有曾經因為引擎吸入火山灰，而能夠熔化火山灰的溫度剛好和渦輪入口處的溫度相同，導致火山灰在燃燒室出口附近熔化變成固體，造成引擎熄火。另外也有因為壓縮機失速所引發的不穩定機械運轉，使燃燒室的火焰熄滅。

　　最後，異物衝擊損傷（FOD；Foreign Object Damage）是所有空氣吸入口過大的渦輪風扇引擎的宿命，其中最多的FOD狀況就是與鳥類的衝撞，即使是小型鳥類，但因為和飛機撞上時速度仍然很快，所以撞擊的力道會變成很大的力量，幾乎能使風扇的葉片彎曲變形。此外，如果在空氣吸入口結冰後想要除冰也會造成FOD現象，因此飛機絕不可以缺少事前的預防結冰工作。

引擎的故障與儀器的關係

壓縮機失速（engine surging）

轉速表：N₁
指針震動。

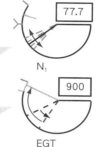

N_1

77.7

排氣溫度計：EGT
突然上升甚至有超過最大值的情況。

900

EGT

現象：
產生「咚」一聲的巨大聲響和震動，有時會從排氣口冒出火花。
原因：
流入的空氣氣流紛亂、引擎劣化。鳥類等異物入侵、可變式渦輪不適用。

引擎熄火（引擎停止運轉）

轉速表：N₁
指針急遽下降，指示著風車狀態（自然旋轉）的轉速。

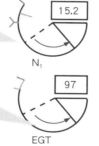

N_1

15.2

排氣溫度計：EGT
指針急遽下降，指示著風車狀態（自然旋轉）的溫度。

97

EGT

現象：
燃燒室內的火焰熄滅導致引擎停止。
原因：
燃料枯竭或火山灰等異物侵入、燃料控制裝置不適用。

異物衝擊損傷

大部分時儀器不會有任何變化，不過有時風扇震動表會指在很大的數值上。隨狀況不同有時也會和壓縮機失速時所指示的狀況一樣。

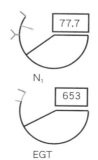

N_1

77.7

653

EGT

現象：
吸入鳥類的狀況是內部會產生臭氣，隨著異物大小不同也有可能會引發壓縮機失速。
原因：
吸入鳥類或其它放置在引導路線或跑道上的物品，另外也有吸入在空氣吸入口附近結冰的冰塊的情況。

保護機身的各式防火措施
偵測到冒煙或高溫，警鈴便會響起

　　飛機也和一般家庭一樣有裝設偵測煙和溫度的火警警報器，其中最大的差別就是，飛機上的火警警報器一定會裝置駕駛艙必須遠端操縱系統才能控制的地方，因為若火災發生在客艙時機上的重要保安人員也就是機上的服務人員，可以利用攜帶式的滅火器進行滅火動作。但是因為在飛行中人員沒辦法接近引擎或是進入貨艙，所以一旦發生火災都是從駕駛艙利用遠端操控噴灑滅火器。

　　除此之外，首先要提到的是引擎的防火措施，每架飛機的引擎和外殼之間的縫隙都布滿了偵測裝置，一旦偵測到火災的情形馬上就會警鈴大作，並點亮稱作「Fire Switch」的滅火拉桿以及燃料總開關的燃料控制鈕的紅燈，只要飛行員將此Fire Switch往後拉轉就會噴出滅火劑，如果還是滅不了火，只要往相反方向旋轉就能再一次噴出滅火劑，而輔助動力裝置的防火措施也和此完全相同。

　　就連飛機輪架收納起來的部分也有設置火警偵測器，這是因為一旦曾中止過一次飛機起飛，當飛機要再次起飛時輪胎的部分可能會溫度過高，而輪架收納間內有油壓裝置管線，一旦暴露在高溫中很有可能會引發火災。但是，收納間裡並沒有滅火器，所以當警報響起時，必須在輪架放出的20～30分鐘之內讓外面的冷空氣流入，藉此防止火災發生。

　　而貨艙裡有煙霧探測器和滅火設備，在使用過滅火器以後會隔絕空氣繼續進入貨艙，藉以防止火苗燃燒。

引擎的防火措施

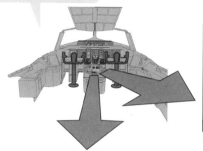

「鈴鈴鈴！」警報聲

當正在使用滅火器時會亮燈

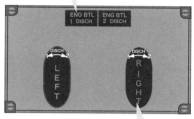

引擎火災控制板

燃料控制按鈕

當右側引擎失火時燃料控制
按鈕會亮紅燈

當右側引擎失火時Fire Switch
的數字就會亮起

拉起Fire Switch時
滅火器噴射準備完成
燃料總開關關閉
關閉取出壓縮空氣的門閥
停止發電機的發電
隔絕油壓裝置作動液流入
停止油壓幫浦繼續動作

設置防火措施的位置

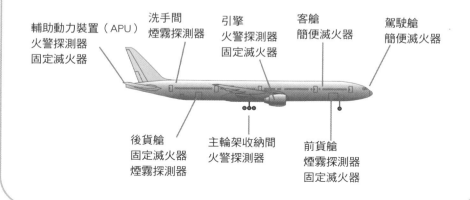

輔助動力裝置（APU）
火警探測器
固定滅火器

洗手間
煙霧探測器

引擎
火警探測器
固定滅火器

客艙
簡便滅火器

駕駛艙
簡便滅火器

後貨艙
固定滅火器
煙霧探測器

主輪架收納間
火警探測器

前貨艙
煙霧探測器
固定滅火器

不可或缺的防雪、防冰策略

機翼上雪是違禁品

　　在嚴冬的早期，常常可以看見停在路邊的汽車都被冰霜覆蓋，要去除這些附著在擋風玻璃上的冰層真不是一件輕鬆的工作。此外，連道路也積雪時，為了要防止汽車打滑，也必須在汽車輪胎上捲上鐵鍊，這也是相當辛苦的工程。除此之外，為了不讓鐵軌結冰也會花一整晚的時間在各個點上以加熱的方式防止結冰，顯見雪對交通機關來說真的是一大勁敵，當然，航空界也不例外。

　　一旦霜雪附著在機翼上面，不但會減少升力產生，也會使阻力增加，對飛行帶來巨大影響。然而當輔助機翼等可動機翼也被霜雪附著時，連舵面都很可能會漸漸不受控制。另外，在下過一場冰雹的隔天，常會看到在機翼前端附著著一層冰晶透明的冰層，稍微看一下可能還無法理解，不過因為當飛機在起飛時會受到風的影響，而如果此時只有一側的機翼結冰，則飛機起飛後很可能會造成飛機傾斜，非常危險！

　　不過不只是機翼結冰時會發生危險，當皮托管被冰堵塞時，可能會造成測速器沒有辦法正確顯示速度。而靜壓孔堵塞時則會使速度標示比實際空速快，所以在此情況下若飛行員在還沒到達起飛速度時就誤以為可以起飛，可能會造成飛機失速。

　　為了防止上述的危險情況發生，飛機在出發前必定都會去除積雪和結冰，但是絕對不是只要除掉了就好。為了讓飛機在下雪或冰雹的情況下也能順利起飛，在除雪的同時也會在機體上噴灑除冰液，藉由噴灑除冰液，即使下雪，冰也不會融化並附著在機身上，能夠讓飛機安全起飛，但為了不讓除冰液的效果隨時間消逝，噴灑除冰液的時機都有配合飛機起飛的時間分次進行。

對冰雪不設防的起飛情形

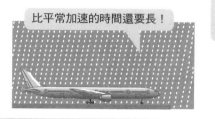

比平常加速的時間還要長！

好不容易起飛，但卻無法到達預定的飛行高度，也無法加速到預定的速度。

在可動機翼結冰的狀態下航行，即使沒有做任何動作機身也會傾斜，舵面無法順利控制。

在皮托管被冰堵塞的狀態下的航行，測速器的指示錯誤。

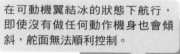

機體震動！

在引擎外殼結冰的狀態下的航行，引擎狀況不好。

檢查飛機上最容易積雪和結冰的部分

主翼上方：有無積雪、結霜、結冰的情形。

尾翼：有無積雪、結霜、結冰的情形。

機翼前端：有無積雪、結霜、結冰的情形。

機身：只要是在塗料還能辨識字樣的薄冰以內的結冰還在允許範圍內。

可動機翼：有無積雪、結霜、結冰的情形。

機首：有無積雪、結霜、結冰的情形。

皮托管和靜壓孔：有無積雪、結霜、結冰的情形。

引擎入口：有無積雪、結霜、結冰的情形。

主翼下方：厚度3mm以下的結霜還在允許範圍內。

如果機艙內急速減壓該怎麼辦？

當空氣突然漏出時的措施

　　從最初希望飛機能讓更多人搭乘，到現在希望它能飛得更快、在更高的高度飛行，人們對飛機的要求不斷。其中希望飛機能在更高的高度飛行的最大優點之一，就是飛行就不會受到天候影響。

　　當1940年代螺旋槳客機大放厥詞地自稱可以實現「超越氣候的飛行」（flying above the weather）時，其實根本也只能飛到還有豐富雲層活動，約4,000m的高空而已。雖然這麼說，不過在這種程度的高度中用某些理由讓飛機內部和外氣壓相同，也沒有必要太過驚慌。

　　但是當飛機換成噴射客機，一飛就能飛到超越平流層的高度時，就不能再這麼隨便了。因為當飛行高度還在4,000m時，就算因缺氧引發缺氧症候群時，到昏厥前還有一個小時左右可以處理，但是一旦飛行高度提升到10,000m時，就只剩60秒左右而已了。而且這短短的60秒還是對身體健康的人的預測數字，如果是對飲酒過後或是有吸菸的人來講，引發缺氧症候群的時間應該還要比這個時間還要短。

　　之前有提過，飛機的運行通常是在考慮過最惡劣的情況下才會決定飛行的方式，如5-23所說與加壓裝置相關的問題也不例外，的確是有可能在某些狀態下飛機突然無法加壓，或是突然發生減壓的狀況。在這個時候所準備的對策就是：一旦客艙高度到達4,000m以上（0.6大氣壓以下），氧氣面罩就會自動落到每個座位上，只要吸這個面罩裡釋出的氧氣就能夠防止缺氧症候群發生。此外，飛行員也會在急遽減壓的同時緊急降落，此時的下降率會比平常的速度還要快上4～5倍，如此一來只要2～3分鐘的時間就能夠抵達不需要氧氣面罩的安全高度當中。

缺氧症候群的症狀

高度	昏厥前的時間 （機能有效時間）
12,000m	30秒
10,000m	60秒
8,000m	2～3分
6,000m	5～10分
4,000m	1小時內

在飛行高度10,000m的地方，氣壓只有地面的1/4、氣溫也只有-50°，一旦發生加壓裝置故障或玻璃窗破裂等狀況造成機內急速減壓，就會產生霧氣和強陣風，最後使機內氧氣和機外的氧氣等量。但是通常氧氣不足時，並不會讓人感覺到生命受到威脅的明顯自覺症狀。

缺氧症候群的症狀
自覺症狀：疲勞、頭昏、眼花、思考能力下降、表達能力下降、幸福的感覺
旁人可以發現的症狀：呼吸次數增加、嘴唇發紫（藍嬰症）、反應遲緩、痙攣、失去意識

往安全高度緊急迫降

氧氣面罩

當客艙的氣壓到達大約0.6大氣壓以下，也就是超過4,000m高空後，氧氣面罩就會自動落下。

為了防止缺氧症候群發生，氧氣面罩自動落下以後即刻就能使用。

緊急降落

緊急降落：以比平常的速度還要快4～5倍的速度下降。「本機目前正在緊急降落，請各位乘客戴上氧氣面罩」

發生急速減壓的情況！

只要2～3分鐘的時間就能夠抵達不需要氧氣面罩的安全高度。

6-10　該前進還是該回頭？由時間決定

何謂等時點？

　　飛機在起飛時如果發生問題應該繼續前進還是暫停，決定的重點在於時間，不過在飛行當中也會面臨到相同的問題，例如就國內線來說，出發地到目的地之間還會有很多其他機場，一旦飛機發生問題就是先在最近的機場降落。但是如果是在太平洋正中央，該前進還是後退，決定的重點還是時間。

　　當然可能也有人會想「只要在往目的地路線的正中間再決定不就好了？」的確，如果當時天空沒有風的話的確是這樣沒錯，但是就像檀香山線一樣，在往檀香山的路是順風、返回東京時卻是逆風時，就沒有所謂正中間的點了。因此，只要在對去程和回程來說都是相同飛行時間的ETP（Equal Time Point；等時點）時間點上決定就可以了。會這麼想是因為這個時間點也會是能夠進入機場的最大距離，返回出發機場的情況因為是逆風，所以相對的，對地速度也會變慢，所以與其等到中間點的距離再決定，不如在當下就下定決心。總之，決定的重點不是距離而是時間。

　　為什麼不是以距離而是以時間為決定基準？這是因為消耗用燃料不是由距離決定而是由飛行時間計算得到的。以右圖來說：到檀香山的所需時間為5小時又44分鐘，反過來說，就是飛機能夠飛5小時又44分鐘的意思。然而，就算在從東京起飛經過2小時又14分鐘的EPT時間點決定繼續還是暫停，總飛行時間還是5小時又44分鐘，也就是說，不管返回東京還是返回檀香山，剩餘的燃料量都是相同的。而這些殘餘的燃料量就是當沒有辦法在東京或檀香山降落時，還能轉往其他機場的剩餘燃料。

何謂ETP？

ETP
不論返回檀香山或東京都是一樣時間的地點。

噴射氣流：200km/時

回程距離2,450km
對地速度：900－200＝
　　　　　700km/時
所需時間：3小時30分

剩餘距離：3,850km
對地速度：900＋200＝
　　　　　1,100km/時
所需時間：3小時30分

東京與檀香山之間的距離：
6,300km/時
飛行速度：900km/時
對地速度：900＋200＝
　　　　　1,100km/時
所需時間：6,300÷1,100＝
　　　　　5小時44分

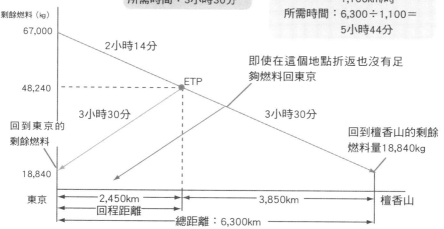

剩餘燃料（kg）

67,000

2小時14分

即使在這個地點折返也沒有足
夠燃料回東京

48,240

ETP

3小時30分

3小時30分

回到東京的
剩餘燃料

回到檀香山的剩餘
燃料量18,840kg

18,840

東京

2,450km
回程距離

3,850km

檀香山

總距離：6,300km

$$（回程時間）=\frac{（回程距離）}{（回程對地速度）}　　　（去程時間）=\frac{（總距離）-（回程距離）}{（去程對地速度）}$$

$$（回程時間）=（去程時間）$$

$$（回程距離）=\frac{（回程對地速度）×（總距離）}{（回程對地速度）+（去程對地速度）}$$

即使在太平洋正中央也不會迷路！

因為有正確的自主導航系統

　　全球對飛機在空中飛行的標準化安全飛行政策名為CNS，其中C是代表對話和情報交流意義的Communication、N是代表導航意義的Navigation、S則是代表有監視意味的Surveillance。例如當飛機要降落至機場時，在進入機場前航管人員會先用無線對講機頻繁地對飛行員下達有關飛機方位、高度、速度等指示，此時飛行員必須遵照指示飛行，也就是飛行員必須正確地進行導航。接著航管人員就可以從監視雷達確認飛機的位置，讓此架飛機與其他飛機保持安全距離。

　　但是問題是監視雷達和VHF無線機的電波所能夠傳送的範圍不夠大，不論電波再怎麼強大還是無法傳到太平洋正中央，於是此時衛星就能夠派上用場。由於在太平洋上的飛行不像起飛降落時一樣需要頻繁的通訊往返，大部分都是已經決定好的位置通報或變更高度之類的通訊內容，因此在使用衛星通訊時不是用對講的方式而是以資料通訊為主。

　　順帶一提，以前兩架飛機錯身而過時，是往左右方向稍微移開一下位置，但是現在則是以一架往上一架往下的方式擦身而過，只要能做到這樣，就是飛機利用自主導航系統提升導航精準度的證據。現在不但導航的精準度升高，再加上全球定位系統（GPS）也能用定位資訊修正自主導航系統的誤差值，所以能夠使導航更加正確。因此，在海洋上都是使用衛星通訊系統代替機場的監視雷達，自動地將飛機的位置、速度、高度等資料傳送至管制機關。

陸地持續通訊的情形

C：無線對講通訊、N：機上自主導航系統與無線設備以及從衛星傳來訊息、S：藉由監視雷達掌握飛機位置

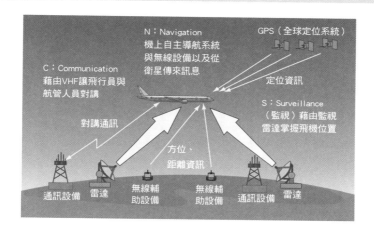

太平洋正中央

C：衛星資料通訊、N：機上自主導航系統與從衛星傳來訊息、S：飛機自動通報位置資料

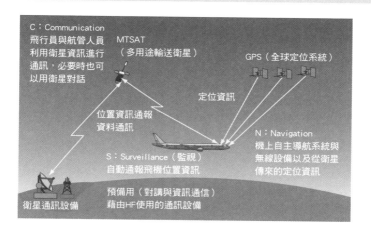

在太平洋正中央發生危機！

飄降與ETOPS

由於在考慮飛機的飛航安全時，有特別將飛機起飛時引擎故障的問題列入考量。因此，當飛機在飛行到太平洋中央時，若引擎發生故障問題，也應該和起飛時引擎故障的嚴重情況等同視之。

首先，若飛機在太平洋中央引擎故障，首要問題就是高度。之前也提過，噴射引擎的推力在高度越高的地方，因為空氣稀薄，所以能產生的力量越小，如果是在高度低的地方就算引擎故障，也只是能不能起飛的問題而已，並不是太大的問題。但是如果是在高度高的地方，由於推力變小，一旦引擎故障就沒有辦法用剩下的引擎繼續維持飛機當下正在巡航的高度，為此飛機必須下降高度至引擎能夠產生足夠力量的高度才行，但是若是位在太平洋中央，盡可能還是希望能多飛一點距離。

因此，只要用能夠讓升力和阻力之間的比（升阻比）產生最大值的速度下降，就能在取代失去的高度上得到能夠飛得遠的距離。像這種利用最佳推力，讓能夠得到最大升阻比的速度下降的方式，稱為「飄降」（drift down）。

此外，在雙引擎的情況下，還有一個規定名為ETOPS（Extended range Twin engine OPerationS；雙渦輪發動機航空器延展航程作業規定）。在1950年代的活塞式引擎時代，雙發機在引擎故障時必須馬上在60分鐘以內找到臨時停靠的機場降落，但是隨著引擎進入噴射引擎時代，因為可靠度提升，迫降時間也慢慢地放寬至120分鐘甚至是180分鐘了。這個不斷延展的思考模式稱為ETOPS，今後應該也會繼續延長迫降的時間。至今以來已經有只有3部或4部引擎的飛機成功橫越太平洋了，比起ETOPS，現在雙引擎飛機已漸漸成為主流。

如果引擎故障

引擎故障！！
升力200噸
阻力
11噸
推力8噸

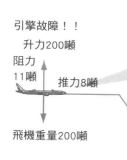

飛機重量200噸

當引擎不慎故障、用剩餘的引擎能產生的最大推力也只有8噸時，必須讓飛機下降到空氣較濃，能讓引擎產生11噸推力的高度。在這個情況下，我們將剩餘的引擎設定在最大推力，讓飛機維持在升阻比最大的速度上，一邊增加飛行距離一邊讓飛機下降，這種方式稱為飄降。

維持讓升阻比最大的速度下降。

滑降比 = $\dfrac{距離}{高度}$

滑降比越大，相對於失去的高度能夠飛行的距離就越遠，這是因為只要飛機用升阻比最大的速度下降就能得到最大的滑降比，所以能夠從失去的高度增加飛行的距離。

用剩餘的引擎讓飛機下降至能夠維持長距離巡航速度的高度上。

特別在雙發機的情況下

安克拉治
西雅圖
釧路
東京
舊金山
中途
檀香山

180分鐘ETOPS的範圍

180分鐘ETOPS：當雙引擎飛機的其中一個引擎故障，必須在180分鐘內選定可以讓飛機緊急迫降的機場路線。

除此之外太平洋上也有很多可以臨時降落的機場，此圖為假設飛機要臨時降落在非常態的機場下的範圍圖。

6-13　防止衝撞發生的策略是？

防止對地衝撞與空中衝撞

　　現在裝設有導航系統的家用車可以說是相當普遍的情況，導航系統的畫面中，通常都會標示著便利商店、加油站、停車場等對駕駛人來說很有用的資訊，因為駕駛能將自己的位置和地圖連結，讓便利商店等店家的所在位置和自己放在同一個畫面上。同樣的，飛機也是一樣。由於飛機上的導航系統也能將正確的飛機位置顯示在地圖上，所以也能同時顯示位於飛機周圍的高山和建築物等障礙物。當像山等這些對飛機來說是障礙物的東西其高度比飛機飛行的高度還高時，會以紅色或黃色顯現，這樣一來就能輕易地看出可能會發生衝突的點。另外，在彩色顯示上再加上聲音通知注意衝撞，就算四周被濃霧包圍看不清楚，飛行員也能安全地避開障礙物，這個裝置稱為近地警告系統（GPWS；Ground Proximity Warning System），這個裝置不只在接近地面時會發出警告，也會在降落時大幅偏離降落路徑等狀況時發出警告，有著許多功用。

　　另一方面，防止空中衝撞的裝置稱為空中防撞系統（ACAS；Airborne Collision Avoidance System），也稱為TCAS，是在兩架飛機接近時，會同時發出聲音和畫面警告的裝置。例如當有一架飛機從前方迫近時，在40秒前就會在畫面上顯示有飛機正在接近的警告，同時也會發出聲音警告有其他飛機存在。25秒前時為避免衝撞，系統會主動建議飛行員應該上升或下降，此時因為兩架飛機的飛行員能夠用通訊系統交換資訊，因此只要一方決定下降，另一方就會上升。

防止對地衝撞

近地警告系統的例子

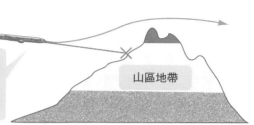

當飛機有可能發生衝突時，會用聲音警告前方有障礙物，並且發出必須要提高高度的警告通知。

山區地帶

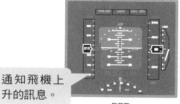

通知飛機上升的訊息。

PFD

必須注意的地形訊息。

運用顏色區分地形高低，紅色和黃色表示可能衝撞的機率較大。

ND

防止空中衝撞

空中防撞系統的例子

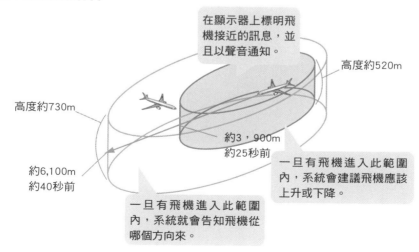

在顯示器上標明飛機接近的訊息，並且以聲音通知。

高度約520m

高度約730m

約3,900m
約25秒前

一旦有飛機進入此範圍內，系統會建議飛機應該上升或下降。

約6,100m
約40秒前

一旦有飛機進入此範圍內，系統就會告知飛機從哪個方向來。

6-14 降落與否的判斷基準
由跑道上的目視距離決定

　　或許你也曾經在機場的出境大廳聽過：「由於○○機場目前視線不清，因此可能會轉往其他機場降落」的廣播，但實際上在飛行上因為濃霧等關係，使能見度不佳的情況不稱為視線，而是以飛行員在可以看見跑道或進場燈光系統等狀況的「觀測跑道視程」（runway visual range）距離為基準，飛行員再依此觀測跑道視程決定降落的可能性。

　　在5-25時有提過，飛機在降落時會利用ILS發出的電波滑行臺降落，特別是在當天空中有低層雲和濃霧時越能發揮ILS的功能。但同樣是ILS，也會因為無線電波發射的精準度和其他像是進場燈光系統等設備的不同，對飛機應該下降的高度產生差異。根據設備的不同，ILS可以分為以下幾種類型：

CATI：觀測跑道視程550m以上、決定高度60m

CATII：觀測跑道視程350m以上、決定高度30m

CATIIIa：觀測跑道視程200m以上、不設定決定高度，基本上會在30m之內
　　　　自動降落

CATIIIb：觀測跑道視程75m以上200m以下、不設定決定高度，基本上會在
　　　　15m之內自動降落

CATIIIc：沒有限制

　　像是成田機場和其他濃霧發生情況較多的釧路機場，使用的就是CATIIIb的航運方式。

　　所謂決定高度（decision altitude）是指飛機和跑道的垂直距離，並不是氣壓高度器指示的高度，而是雷達測高儀（又稱電波高度計；radar altimeter）所指示的高度，代表在這個時間點內看得到跑道，當然就決定降落；看得到進場燈光也是決定降落；當完全看不到時就決定停止降落的高度。

CAT I

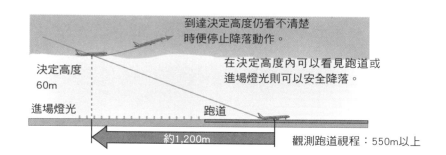

到達決定高度仍看不清楚
時便停止降落動作。

在決定高度內可以看見跑道或
進場燈光則可以安全降落。

決定高度
60m

進場燈光　　　　　　　跑道

約1,200m

觀測跑道視程：550m以上

CAT II

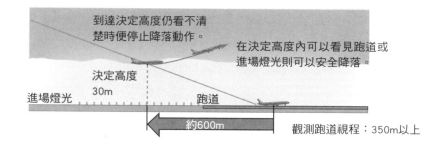

到達決定高度仍看不清
楚時便停止降落動作。

在決定高度內可以看見跑道或
進場燈光則可以安全降落。

決定高度
30m

進場燈光　　　　　　　跑道

約600m

觀測跑道視程：350m以上

CAT IIIa

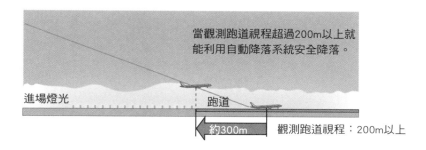

當觀測跑道視程超過200m以上就
能利用自動降落系統安全降落。

進場燈光　　　　　　　跑道

約300m

觀測跑道視程：200m以上

保障飛行安全的「CRM」
若只怪罪個人的錯誤則不會進步

　　直到1970年代為止飛機的意外事故急速地在減少當中，這是因為硬體本身，也就是飛機本體不斷發展、飛機和引擎的可靠度提升讓故障率減少，也因為導航系統、自動駕駛系統和其他裝置的進步而降低飛行員的工作量（work-load），再加上儀器類系統進步使讀解錯誤的機率也下降的緣故。此外，航空界不允許飛行員有「我愛怎樣就怎樣」的態度，因此有關制定標準航運方法的手冊類軟體的進步，對於這一點也有非常大的貢獻。

　　但是1970年以後飛機的意外事故不是減少，而是以一定的程度發生變化，其中的一個原因是人為過失（human error）。因此，美國NASA在1970年代開始對人為過失進行分析，提出CRM（crew resource management）的概念，所謂CRM就是指飛行員能有效運用人及物的資源，安全並有效率地進行飛航的軟體。

　　1980年代初期的CRM是藉由駕駛員資源管理（cockpit resource management）的方式，以改善個人缺點為目標。接著在1980年代末期時，CRM已經成為重視所有和飛機一起進行飛行任務的團隊機能的管理方式了，從這個時候開始，CRM的C就從原本的Cockpit（以駕駛為主）轉變為Crew（團隊），而它的目標也加入了保持良好溝通環境和明確分配各組員的業務執掌等，變成主要以追求更高的團隊績效為目標。

人為失誤

意外事故發生機率

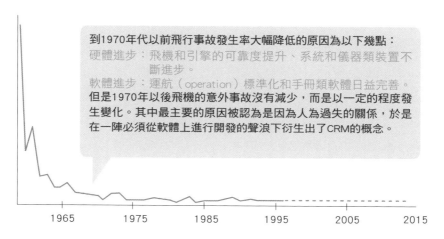

到1970年代以前飛行事故發生率大幅降低的原因為以下幾點：
硬體進步：飛機和引擎的可靠度提升、系統和儀器類裝置不
　　　　斷進步。
軟體進步：運航（operation）標準化和手冊類軟體日益完善。
但是1970年以後飛機的意外事故沒有減少，而是以一定的程度發
生變化。其中最主要的原因被認為是因為人為過失的關係，於是
在一陣必須從軟體上進行開發的聲浪下衍生出了CRM的概念。

「錯誤」的思考模式

冰山的一角

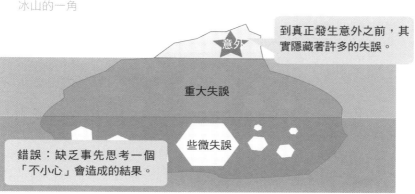

到真正發生意外之前，其
實隱藏著許多的失誤。

意外

重大失誤

些微失誤

錯誤：缺乏事先思考一個
「不小心」會造成的結果。

	一般的思考方式	CRM
失誤	絕對不能失誤	誰都有可能失誤
原因	一定是不小心、誰的錯	為什麼會發生
態度	引起注意	人應該站在孰能無過的觀點上
預防	懲罰、隱匿	公開訊息、共享資訊

6-16 飛航組員的危機處理訓練「LOFT」
一直到退役為止每年必定進行審查和訓練

飛行員即使取得駕駛資格，只要還沒離開飛行這個行業，每年仍必須反覆進行審查和訓練，其中典型的審查項目包含引擎停止啟動、急速減壓、緊急降落、引擎發生火災、緊急疏散乘客等一個接著一個的緊急事件。之所以無法在實際的飛機上進行演練，是因為飛行模擬器（simulator）能體驗到任何緊急事件發生的過程，像是在起飛時引擎故障的情況下，要暫停起飛還是要繼續等操作手續等，有數不清的練習次數。

類似上述的審查和練習，從以前就開始實施至今，雖然還沒有真正的意外事故發生，但事實上足以讓人捏把冷汗、嚇一大跳的失誤卻還是沒有完全消失。於是在NASA對這些曾經有造成「讓人捏把冷汗、嚇一大跳」的經驗的飛行員進行偵訊調查後發現，飛行員的操控伎倆（在航空界不使用技術這個詞彙而使用這個詞）其實並沒有什麼問題，主要問題在於飛行員沒有說出想到的事情、擅自自行作主，或是沒有明確的作業分工等，在團體機能上發生問題。

而自從將這樣的背景關係導入CRM的概念後，飛行員的審查和訓練方式就和以前大大不同了。其中導入LOFT（line oriented flight training，航路導向飛行訓練）就是典型的例子。所謂的LOFT是指用飛行模擬器模擬實際的飛行路線航行，訓練飛行員在面對飛行當中所有可能發生的各種狀況（例如系統故障、出現突發病人、天候大變等）時，該如何以團隊的方式處理的訓練方式。因為訓練中會用攝影機拍攝團隊在飛行中的行動狀況，所以能夠在飛行後再次確認發生的失誤和錯誤，實際學習到團隊的作用與個人在狀況中應該擔任的角色。

審查與訓練

即使取得飛行員資格，每年仍須進行審查和訓練

定期技能審查
利用飛行模擬器進行緊急操作等技術性的審查，筆試及口試。
機長：每年2次（其中一次可換LOFT）
副駕駛：每年1次

定期路線審查
運用實際路線的審查，筆試及口試。
機長：每年1次
副駕駛：每年1次

定期訓練
學科訓練、緊急訓練（包含緊急訓練及與機組員的共同訓練）、飛行模擬器訓練、LOFT訓練。
機長：每年1次
副駕駛：每年1次

技術審查的山型

利用飛行模擬器進行技術審查的例子

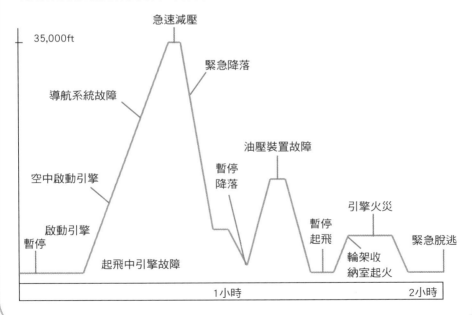

6-17　定期檢查才是確保安全的良方
為維持飛機品質

　　從出境大廳就可以看到正在檢查飛機周圍的地勤人員，他們是在進行飛機出發前的檢查，這個檢查包含每次飛行前的外部檢測、確認燃料和引擎機油等的存量是否充足等，為出發做準備的各項檢測。接著，當飛行員進入機艙以後，地勤人員就會向飛行員說明飛機的準備狀況，內容除了燃料量之外，從駕駛艙換了一根螢光燈管到換輪胎的理由為止，有關飛機整體的細部詳細準備作業情形，都必須向飛行員做完整的說明，這些資料都是對飛機在飛行途中發生任何狀況時很有用的參考資訊。

　　準備的目的當然是為了謀求提升對飛機的信賴度，而準備方式除了出發前檢測之外其他還有許多方法。像汽車也有每六個月的定期車檢一樣，飛機也有因飛行時間的不同而必須檢測的各項檢測項目。其檢測方法的名稱上都各加了一個從A到D的英文字母（每家航空公司的名稱不同）。

　　A檢測是飛機飛行時間達350～500小時、使用時間經過1至2個月內的飛機檢測，項目包含補充引擎機油和油壓裝置作動液，以及檢查煞車系統和襟翼及輔助機翼之類的可動機翼等在整架飛機當中使用率最高、動作最激烈的部分的一種重點式的檢測法。而B檢測則大多和A檢測合併進行，甚至有部分的航空公司不會另外再實施B檢測。C檢測是飛機在飛行超過2年之後需耗時一、兩個禮拜才能完成的檢測工作，主要在確認機體構造和各系統的品質。最後D檢測是飛行時間經過5年以後才會實施的檢測，就像它的另一個名稱「航機高階修護」（heavy maintenance，或稱大翻修）一樣，會更進階維修飛機內部更細微的部分。

出發前檢測

出發前檢測：
飛機出發前實施的檢測工作，在每次飛行前都會進行一次。項目包含外部檢測、確認和補充燃料與引擎機油等的存量，是為出發做完善準備的各項檢測。若在之前有任何不好的狀態或是其他像輪胎磨損等情況，便會在每次出發前處理完各處問題，並且甚至可能徹夜交換輪胎。

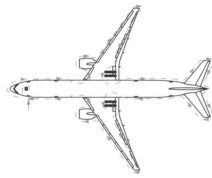

檢測方式

飛機檢測方式	內容
A檢測	對飛行時間在350～500小時（1個月至2個月）之內的飛機進行檢測。補充引擎機油和油壓裝置作動液，以及對輪胎、煞車系統、襟翼和可動機翼等部分作重點式檢測作業，並合併維修其他狀態不佳的部分。
B檢測	A檢測有時候會和B檢測的作業合併實施，大部分的航空公司不會另外再實施B檢測。
C檢測	對飛行時間達6,000小時左右（大約2年）的飛機進行檢測。檢測項目包含機體構造、降落裝置、各式配備，油壓系統等各系統的配管、配線，以及引擎等機械的品質狀況。
D檢測	航空公司通常都稱D檢測為HMV或M檢測，主要對飛行時間經過5年左右的飛機進行與機體內部構造相關的檢測、檢查、機能檢測、防腐處理、修繕作業等。有時候也會包含塗裝和客艙改裝，以及大規模的修繕作業。

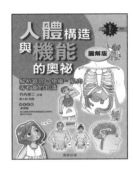

知的！16

人體構造與機能的奧祕

竹內修二◎著　羅士超◎譯

定價：290元

從基本的身體構造開始，用解剖學的角度分析器官的結構、組織的功能
肌肉的連動等，並以圖說方式，還原身體各種動作的基礎原理。

知的！18

流行病毒如何讓人致命？

畑中正一◎著　葉亞璇◎譯

定價：270元

從現存令人聞之色變的殺人病毒談起，並介紹病毒學家對抗病毒、捍衛人
類健康所付出的努力，以及說明疫苗接種所發揮的抵禦效果。

知的！19

不可思議的生態系

兒玉浩憲◎著　簡佩珊◎譯

定價：290元

從自然環境和生態系的關係開始，介紹生態系的特徵、食物鏈的結構、動
植物間的共生關係等，並說明對正邁向毀壞的生態環境的應對措施。

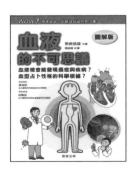

知的！20

血液的不可思議

奈良信雄◎著　姚詠甯◎譯

定價：290元

從血液的基礎知識、血型占卜的醫學根據，到最新健康檢查現況，所有可
能不知道的血液秘辛都在本書中。

知的！21

食物怎麼變成營養素？

中西貴之◎著　林鍵麟◎譯

定價：270元

光是吃食物就會對健康有所影響，甚至對心情產生作用。看起來平凡無奇的食物中，究竟為什麼有這樣的功能呢？

知的！22

花為什麼會香？

田中修◎著　盧宛瑜◎譯

定價：290元

花為何會散發香味？什麼是開花激素？你相信花感覺得到人的撫摸，也聽得到人的溫柔說話嗎？100個花的疑問，發現100種自然奧妙。

知的！24

瘦身必須知道的科學常識

岡田正彥◎著　游念玲◎譯

定價：270元

瘦身的第一步就是要算出基礎代謝，再認識體內熱量的代謝機制，還要知道最關鍵的運動與健康部分，才能健康減肥、輕鬆享瘦。

知的！25

身邊常見的地衣

柏谷博之◎著　郭寶雯◎譯

定價：290元

了解地衣的生物結構與生態真實，還教你採集、製作、保存標本的方法，及野外觀測拍攝照片和特寫的訣竅。

國家圖書館出版品預行編目資料

【圖解版】飛機的構造與飛行原理：探討噴射引擎
的結構、航空力學以及安全機制的設計
中村寬治 著；簡佩珊 譯 . —— 初版. ——
台中市：晨星，2011.4
面；公分 . ——（ 知的！；27 ）
ISBN 978-986-177-474-9 （ 平裝 ）
1.噴射機

447.75   99026826

知
的
！
27

【圖解版】飛機的構造與飛行原理
探討噴射引擎的結構、航空力學以及安全機制的設計

作者	中村寬治
譯者	簡佩珊
審訂	蕭飛賓
編輯	陳俊丞
校對	陳俊丞、張沛然、黃幸代
行銷企劃	陳俊丞
美編設計	彭淳芝
封面設計	楊聆玲
創辦人	陳銘民
發行所	晨星出版有限公司 台中市407工業區30路1號 TEL：04-23595820　FAX：04-23550581 E-mail：service@morningstar.com.tw http：//www.morningstar.com.tw 行政院新聞局局版台業字第2500號
法律顧問	陳思成律師
初版	西元2011年4月15日
再版	西元2017年2月15日 （十刷）
郵政劃撥	22326758（晨星出版有限公司）
讀者服務專線	（04）23595819#230
印刷	上好印刷股份有限公司

定價290元